特色农产品花色苷

赵善仓　赵领军　主编

中国农业大学出版社
·北京·

内 容 简 介

本书系统且全面地介绍了植物花色苷的结构、性质与生物合成,提取、分离、鉴定及定量检测,花色苷的稳定性以及生物活性;特色粮油、果蔬及花卉产品花色苷的提取、分离与鉴定以及功能性食品的开发及应用。

本书内容新颖、实用,可供植物学、食品和医药专业的技术人员参考,也可作为普通读者的兴趣读物,增进其对植物花色苷及其生物活性的了解。

图书在版编目(CIP)数据

特色农产品花色苷 / 赵善仓,赵领军主编 . --北京:中国农业大学出版社,2022.12
ISBN 978-7-5655-2904-7

Ⅰ.①特… Ⅱ.①赵… ②赵… Ⅲ.①植物-苷-普及读物 Ⅳ.①Q946.83-49

中国国家版本馆 CIP 数据核字(2023)第 006965 号

书　　名	特色农产品花色苷	
作　　者	赵善仓　赵领军　主编	
策划编辑	梁爱荣	责任编辑　梁爱荣
封面设计	郑　川	
出版发行	中国农业大学出版社	
社　　址	北京市海淀区圆明园西路 2 号	邮政编码　100193
电　　话	发行部 010-62733489,1190	读者服务部 010-62732336
	编辑部 010-62732617,2618	出 版 部 010-62733440
网　　址	http://www.caupress.cn	E-mail cbsszs@cau.edu.cn
经　　销	新华书店	
印　　刷	涿州市星河印刷有限公司	
版　　次	2023 年 1 月第 1 版　2023 年 1 月第 1 次印刷	
规　　格	170 mm×228 mm　16 开本　10.25 印张　195 千字	
定　　价	68.00 元	

图书如有质量问题本社发行部负责调换

编 委 会

前　言

　　"民以食为天"，人民的美好生活不仅体现在吃得饱，还体现在吃得好、吃得健康。食物不仅会提供生命必需的碳水化合物、脂肪、蛋白质、维生素、矿物质，还蕴藏着大量不可缺少的功能性物质，包括植物多酚、萜类化合物、皂苷、有机硫化物、植物甾醇等。花色苷是存在于大多数水果和蔬菜中的天然水溶性色素，现已明确花色苷除了赋予植物性食品鲜艳的色泽外，还具有抗氧化、抗炎、预防慢性病以及改善视力等生物活性作用。由于安全、无毒、来源广泛、获取途径繁多、原材料成本低，花色苷已被应用于食品、保健品、化妆品、医药等行业，具有巨大的商业价值。

　　特色农产品，特别是深色粮油作物、果蔬及花卉产品中花色苷含量非常丰富。代表性的粮油作物有彩色小麦、黑玉米、黑米、紫甘薯、紫色马铃薯、黑花生、黑豆。果蔬产品有蓝莓、黑桑葚、黑枸杞、葡萄、紫色茄子、紫甘蓝、紫洋葱、红心萝卜。花卉产品有牡丹、芍药、玫瑰和月季等。这些特色农产品常见、易得，人们通过膳食摄取的花色苷有利于心血管疾病、糖尿病和脂肪肝等多种慢性疾病的改善。

　　本书系统探讨了花色苷的结构、性质与生物合成，提取、分离、鉴定及定量检测，花色苷的稳定性以及生物活性，为植物花色苷资源的开发和利用提供理论依据和实践经验。本书着重介绍了具有代表性的特色粮油、果蔬及花卉产品花色苷的提取、分离与鉴定以及功能性食品的开发及应用，进一步明确花色苷的健康促进效应，为合理膳食提供技术支撑。

　　本书的编撰出版得到了山东省重大科技创新工程、山东省农业科学院农业科技创新工程的支持。本书在编辑过程中参考了同行专家的科研成果，参考文献未能一一列出，在此一并表示衷心感谢。

由于编者水平有限,内容难免挂一漏万,书中不当之处在所难免,恳请读者见谅并批评指正。

编者

2022 年 9 月 16 日

目　录

第1章 花色苷的结构、性质与生物合成

花色苷的英文"anthocyanins"源自希腊文,其中"antho-"的意思是"花","cyanins"源于希腊文"kyanos",意为"蓝色",两者组合意为"花中的色素",即花色苷。结构不同的各种花色苷为植物器官(根、茎、叶、花、果实和种子)贡献了不同的颜色,它们包含了存在于植物中的大部分水溶性色素,广泛存在于水果、蔬菜、鲜花和谷物中,植物体中花色苷的种类和含量决定植物的外观色彩。花色苷属于广泛分布的黄酮类化合物,其结构的特殊性导致花色苷对环境(如 pH)非常敏感,甚至它们的分子吸收光和发射光的波长也随着 pH 的改变而变化。通常在低 pH 的情况下呈红色,中性 pH 时呈紫色,随 pH 上升颜色会变成黄绿色,并最终在碱性溶液中变为无色。该特征使同一种花色苷能在不同情况下呈不同的颜色。得益于此特征,植物便能呈现各种绚丽的颜色,把自然界装扮得五彩缤纷。

花色苷是天然的色素类物质,色彩鲜艳,无毒,无诱变作用,且具有多种保健功能,因此被广泛应用于食品工业。花色苷的种类及含量能直接导致植物呈现不同的颜色且深浅不同,桃子、浆果、石榴、樱桃、李子、蓝莓和葡萄等有色水果花色苷含量丰富(Wu 等,2006),其中以蓝莓和葡萄中的含量为最多,黑豆、紫色马铃薯、紫甘薯、小红萝卜、紫洋葱、紫茄、红甘蓝、黑玉米等深颜色食材中花色苷含量也非常高(Pojer 等,2013);此外,花色苷还存在于加工的食品和饮料中(如红酒、果汁、酸奶及果冻等)。

植物花色苷是重要的抗氧化物质和保护剂,在促进人类身体健康和预防心血管疾病方面起重要作用,已被应用于食品、保健品、化妆品、医药等行业,具有巨大的商业价值。

1.1 花色苷的结构和种类

1.1.1 花色苷的结构

花色苷的配基为花青素,由 2 个芳香环(A 环和 B 环)和 1 个含氧杂环(C 环)相连而成,由于共轭双键的存在,其能够吸收可见光而呈现出一定的颜色。自然条

件下,花青素极不稳定,常与糖类结合形成稳定的花色苷,并且所形成的花色苷可进一步经糖基化、甲基化和酰基化修饰,从而形成更多不同种类的花色苷。因此,不同种类花色苷之间的区别主要在于其 C 骨架上羟基数目、甲基化程度、糖基化与酰基化的种类、数目和位置的不同。如花青素的糖基化首先发生在 C3 位置上,形成 3 种最常见的非甲基化花色苷,即天竺葵色素-3-O-糖苷、矢车菊色素-3-O-糖苷、飞燕草色素-3-O-糖苷,而后两者可再经过不同程度的甲基化修饰形成芍药色素-3-O-糖苷、牵牛花色素-3-O-糖苷和锦葵色素-3-O-糖苷。以上这六类花色苷一方面可由所结合糖分子(葡萄糖、鼠李糖、半乳糖、木糖、阿拉伯糖等)种类的不同形成不同种类的花色苷;另一方面可在此基础上继续在 C3 和 C5 或 C3 和 C7 位置上发生糖基化从而形成不同种类的二糖苷和三糖苷。所形成的糖基化花色苷也可被有机酸酰化再生成酰基化花色苷,参与酰化的有机酸主要有香豆酸、阿魏酸、咖啡酸、对羟基苯甲酸等,这些有机酸可结合在花色苷的 3-OH 上,也可结合在 5-OH 上,根据结合有机酸数目和位置的不同生成单酰基化花色苷、双酰基化花色苷和多酰基化花色苷。

　　不同的花色苷在结构上存在差别,原因在于:①连接在花色苷基本碳骨架结构上的羟基化和甲基化的数目和位置不同;②所连接糖基的种类、数目和连接位置不同;③糖基的酰基化程度和酰基化基团的种类不同。花青素及其糖苷也存在甲氧基化形式,甲氧基化的位置多数位于 C3 和 C5。花色苷也以酰基化的形式存在,最常见的酰基化形式是酰化取代基与 C3 位的糖基键合,或与 C6 位的羟基酯化。在蔬菜中,如萝卜花色苷为天竺葵色素(Pelargonidin)的葡萄糖苷衍生物,为天竺葵色素-3-槐二糖苷,5-葡萄糖苷(pelargonidin-3-sophoroside,5-glucoside)的双酰基结构。在紫甘蓝叶子中,其花色苷种类约有 15 种,均系由矢车菊色素酰化多个葡萄糖基及羟基苯甲酰(p-coumaryl)、阿魏酰(ferulyl)和芥子酰(sinapyl)等而成。而在紫甘薯中已发现有 8 种酰基化的花色苷,其中的 6 种为双酰基化结构。

1.1.2　花色苷的种类

　　在化学结构上,花色苷与其他多酚相同之处在于它们都具有含羟基的芳香环,且都属于多羟基(polyhydroxy)和多甲氧基(polymethoxy)类化合物;不同的是它同时也是 2-苯基苯并吡喃(2-phenylbenzopyrylium)的衍生物,且花色苷通常以苯基苯并吡喃盐的形式存在于自然界。在自然界存在 17 种花青素,广泛存在的只有 6 种,即天竺葵色素(Pg)、矢车菊色素(Cy)、飞燕草色素(Dp)、芍药色素(Pn)、牵牛花色素(Pt)和锦葵色素(Mv)。这六种最常见的花青素在植物中所占比例是:矢车菊色素（50%）、天竺葵色素（12%）、芍药色素（12%）、飞燕草色素（12%）、牵牛花色素（7%）和锦葵色素（7%）。花色苷的碳骨架结构是C6-C3-C6,其苷元为2-苯基苯丙吡喃盐或黄烊盐（flavylium）的多羟基和甲氧基衍生物,见图1-1、表1-1。

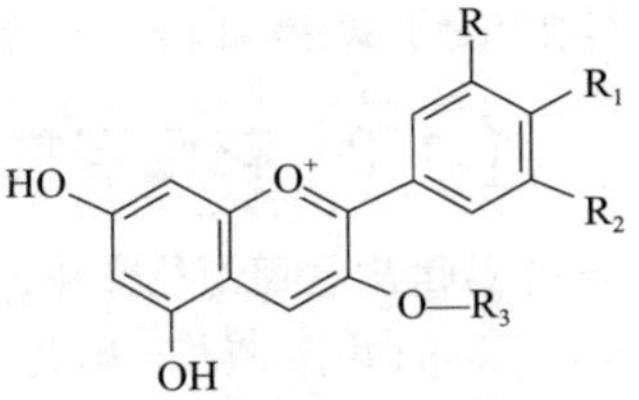

图 1-1　花色苷的基本结构

表 1-1　花色苷性质

花色苷名称	英文名称	取代基		
		1	2	3
天竺葵色素-3-O-糖苷	Pelargonidin-3-O-glycoside	H	H	糖、葡萄糖或半乳糖
矢车菊色素-3-O-糖苷	Cyanidin-3-O-glycoside	H	H	H	糖、葡萄糖或半乳糖
飞燕草色素-3-O-糖苷	Delphinidin-3-O-glycoside	CH₃	H	CH₃	糖、葡萄糖或半乳糖
芍药色素-3-O-糖苷	Peonidin-3-O-glycoside	CH₃	H	糖、葡萄糖或半乳糖
牵牛花色素-3-O-糖苷	Petunidin-3-O-glycoside	CH₃	H	糖、葡萄糖或半乳糖
锦葵色素-3-O-糖苷	Malvidin-3-O-glycoside	H	H	CH₃	糖、葡萄糖或半乳糖

花青素结合糖、有机酸的种类和数量不同,花色苷的种类也有所不同,结合的糖类主要有葡萄糖、半乳糖、木糖、阿拉伯糖、果糖及鼠李糖等,这些糖苷基团通常连接在C3、C5或C7的位置上。通常情况下,糖基化形式的花色苷比非糖基化形式的花色苷水溶性好,这与糖苷键的亲水性有关联;而酰基化可以明显提高花色苷的稳定性。食物中最常出现的花色苷为上述六种苯基吡喃盐类型的糖基化形式花色苷,且以葡萄糖苷化为主。不同花色苷的结构在空间位置上的差异,使它们能够与不同细胞/亚细胞结构的位点进行有效嵌合,从而发挥各自不同的生物学功能。不同的修饰方式使得自然界中存在多种多样的花色苷,研究结果显示,目前从不同植物中鉴定出的花色苷已超过6 000种,仅在紫甘薯、黑接骨木果和红甘蓝中就已

鉴定出约 37 种(Pervaiz 等,2017;Tanaka 等,2010)。

1.1.3　花色苷性质

引起花色苷颜色变化的主要因素是其化学结构中存在的苯基吡喃离子(flavylium ion,Fl)的共振结构,这也是它们对 pH 环境敏感的原因。此外,羟基基团及甲氧基基团的差异也会影响花色苷的颜色,如在 pH=1 的情况下,Pg(天竺葵色素)的颜色为橘红色,而 Dp(飞燕草色素)的颜色为蓝紫色。自然条件下,花色苷主要呈现出蓝色、紫色及红色,有文献推测这可能与植物的进化有关,经过长期的物种进化,植物的次级代谢产物花色苷形成了一系列可见光波段的颜色,这些鲜艳的颜色除了可以吸引动物前来传粉,为随后孢子和种子的散布提供了可能性外,同时它们也可起到对抗紫外线诱导损伤的作用。

1.2　花色苷的生物合成

花色苷在植物体内的合成主要由一系列结构基因所调控,这些结构基因通过编码不同功能的酶来参与花色苷的合成。花色苷是苯丙氨酸经多步酶促反应的产物,其合成过程需要在苯丙氨酸解氨酶(PAL)、查尔酮合成酶(CHS)、查尔酮异构酶(CHI)、黄烷酮-3-羟化酶(F3H)、类黄酮-3′-羟化酶(F3′H)、类黄酮-3′,5′-羟化酶(F3′5′H)、二氢黄酮醇-4-还原酶(DFR)、花青素合成酶(ANS)、类黄酮-3-O-葡萄糖基转移酶(3GT)等酶的参与下才能完成,且其合成速率和积累量与上述酶的活性密切相关。

花色苷的生物合成途径在玉米、矮牵牛、苹果、葡萄等植物中较为明确(Holton 等,1995;He 等,2010)。花色苷的合成在植物细胞质中进行,在不同酶的催化下,苯丙氨酸最终转化为不稳定的花青素,经糖苷化修饰后形成较为稳定的花色苷,再被转运到液泡中。

花色苷的生物合成是类黄酮合成途径的一个分支,植物体内花色苷的生物合成最初是由苯丙氨酸经苯丙烷代谢途径合成香豆酰 CoA,随后香豆酰 CoA 进入类黄酮合成途径,与三分子丙二酰 CoA 合成查尔酮,查尔酮内环化形成的二氢黄酮醇进入各分支途径,合成不同种类的花色苷。花色苷的生物合成可以大致分为苯丙烷代谢、类黄酮代谢和花色苷合成修饰这三个阶段。花色苷在植物体内的合成主要由一系列结构基因所调控,这些结构基因通过编码不同功能的酶来参与花色苷的合成(图 1-2)。

一切含苯丙烷骨架的物质都是由苯丙烷代谢途径直接或间接产生,苯丙氨酸

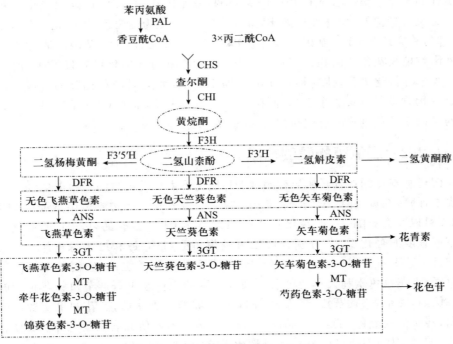

图 1-2 花色苷的生物合成途径

PAL:苯丙氨酸解氨酶;CHS:查尔酮合成酶;CHI:查尔酮异构酶;F3H:黄烷酮-3-羟化酶;
F3′H:类黄酮-3′-羟化酶;F3′5′H:类黄酮-3′,5′-羟化酶;DFR:二氢黄酮醇-4-还原酶;
ANS:花青素合成酶;3GT:类黄酮-3-O-葡萄糖基转移酶;MT:甲基转移酶

和乙酸作为黄酮类物质的直接合成前体。苯丙氨酸在苯丙氨酸解氨酶(PAL)的作用下合成香豆酰 CoA。PAL 是类黄酮生物合成途径中的第一个关键酶,在植物花色苷的积累过程中起着重要的作用。早期对草莓花色苷的研究结果表明,PAL的活性与花色苷的积累呈正相关(Pombo 等,2011)。张雪等(2017)的研究却发现虽然 PAL 参与红梨花色苷的合成启动,但仅在启动前期活性很高,合成启动后其活性却逐渐降低。

1.2.1 黄烷酮的合成

香豆酰 CoA 与三分子丙二酰 CoA 在查尔酮合成酶(CHS)的作用下缩合、环化生成双环查尔酮,为花色苷的合成提供基本碳骨架。随后双环查尔酮在查尔酮异构酶(CHI)的作用下快速异构化形成具有生物学活性的无色黄烷酮。查尔酮合成酶(CHS)是类黄酮合成途径中的关键酶,也是限速酶,其活性高低决定花色苷的有无及含量。如,鸳鸯茉莉盛开后花色由深紫色变为纯白色,体内花色苷含量逐渐下降,相应地其 CHS 基因的表达量也逐渐下降,说明 CHS 基因的表达直接决定并影响植物花色苷的积累量(Li,2016)。查尔酮的异构化可自发发生,但 CHI 可以加速异构化进程,使异构化速度增加 107 倍,大大促进花色苷的合成。比如 CHI 基因在紫甘薯中大量表达,而在白甘薯中不表达,证明 CHI 基因可促进查尔酮的异构化及花色苷的合成与积累(Guo 等,2015)。

1.2.2　二氢黄酮醇的合成

四羟基查耳酮在查耳酮异构酶(CHI)催化下生成类黄酮的直接前体物质——柚皮素,随后在黄烷酮-3-羟化酶(F3H)催化下生成羟化产物二氢山柰酚(DHK)。DHK 可以在类黄酮-3′,5′-羟化酶(F3′5′H)、类黄酮-3′-羟化酶(F3′H)的催化下发生不同程度的羟化反应,分别合成二氢杨梅黄酮(DNM)和二氢栎皮酮(DHQ)。F3H、F3′5′H 和 F3′H 是决定花色苷合成类型的 3 个关键酶,它们分别控制天竺葵色素、飞燕草色素和矢车菊色素。F3H 基因的表达水平可调节植物花色苷的积累。例如,矮牵牛、香石竹、草莓的 F3H 基因被抑制表达后,其花和果实颜色随之减弱,甚至失去颜色(王蕊等,2018)。康美玲等(2018)研究表明紫色叶柄突变型水芹 F3′H 基因的表达量明显比八卦洲水芹高,表明 F3′H 在水芹花色苷合成中发挥重要作用。Liu 等(2018)研究发现 F3′5′H 基因在紫色野生型马铃薯中大量表达,而在其红色突变体中,表达量则显著降低,使马铃薯的花色苷由紫色(牵牛花色素-3-O-糖苷)转变为红色(天竺葵色素-3-O-糖苷),证明 F3′5′H 对马铃薯紫色花色苷的生成具有关键调控作用。

1.2.3　花青素的合成

二氢黄酮醇 4-还原酶(DFR)以 3 种二氢黄酮醇(DHK、DHM、DHQ)为底物,分别将其还原生成无色天竺葵色素、无色飞燕草色素和无色矢车菊色素。DFR 对以上 3 种底物具有选择性和特异性,是决定和影响植物中花色苷种类与含量的关键酶。随后,上述合成的 3 种无色花青素在花青素合成酶(ANS)的催化作用下分别氧化形成天竺葵色素、矢车菊色素和飞燕草色素。对矮牵牛的研究结果显示,其花瓣具有红、蓝、紫、白等花色表型,却无砖红色和橙色表型,其根本原因是矮牵牛中的 DFR 只能以 DHQ 和 DHM 为底物,不能催化 DHK,进而不能合成天竺葵色素类花色苷(Christian 等,2018)。ANS 是使无色花青素转变为有色花色苷的关键酶,其表达量与花色苷的积累密切相关。如木兰花从花苞期到盛开期,*ANS* 基因的表达量逐渐增加,相应地其花瓣颜色逐渐加深,并且在不同颜色花瓣中红色花瓣 *ANS* 的表达水平远高于白色花瓣和粉色花瓣(Shi 等,2014)。

1.2.4　花色苷的合成

花青素极不稳定,需要在类黄酮-3-O-葡萄糖基转移酶(3GT)的作用下糖基化生成花色苷后才能稳定存在于植物体内。糖基化形成的花青素-3-O-糖苷还可继续经过糖基化、甲基化、酰基化等修饰形成更多不同种类的花色苷。3GT 位于花色苷合成途径的末端,是不稳定花青素转变为稳定花色苷的关键酶,与植物中花色苷的合成和积累密切相关。肖继坪等(2015)研究发现花色苷的积累与 3GT 的表达正相关,花色苷含量较高的器官,其 3GT 的相对表达量也较高;Hu 等(2016)在转基因拟南芥中转入紫甘薯 3GT 基因后,拟南芥的茎和叶子颜色变紫,其花色苷含量显著提高。

1.3　花色苷合成的基因调控

植物花色苷生物合成途径主要包括编码花色苷代谢生物合成过程中的关键酶查尔酮合成酶(CHS)、查尔酮异构酶(CHI)、黄烷酮-3-羟化酶(F3H)、二氢黄酮醇4-还原酶(DFR)、花青素合成酶(ANS)和类黄酮-3-O-葡萄糖基转移酶(3GT)等结构基因,这些结构基因的表达不仅受 MYB 转录因子、bHLH 转录因子和 WD40 转录因子的调控,还受外在环境因子的影响。外在环境因子通过对花色苷合成途径中的结构基因和调控基因进行调节来影响花色苷合成。

1.3.1　植物花色苷生物合成途径中主要结构基因

1. 查尔酮合成酶(CHS)基因

查尔酮合成酶(CHS)是花色苷生物合成途径中的第 1 个关键酶,CHS 不仅催化类黄酮的合成,而且在花色苷合成、植物根瘤形成、抵抗生物胁迫和预防紫外线损伤中发挥重要作用(Tong 等,2021 和 Zhang 等,2017)。*CHS* 基因是多基因家族,保守性较强,蛋白序列长度约 400 个氨基酸,在水稻、玉米、烟草及拟南芥等植物中已有研究(Han 等,2016)。典型的 *CHS* 家族成员参与花色苷合成途径,还有部分成员与植物抗真菌病害有关,*CHS* 的表达受到多种外界环境刺激的控制,包括紫外线、病原菌、创伤和生物钟等各种生物和非生物胁迫(张丽群,2013)。*CHS* 基因的表达影响着植物花色的变化,将 *CHS* 基因在矮牵牛中过量表达,导致 *CHS* 基因和内源基因发生共抑制,产生白色或斑点状的花;*CHS* 基因表达量减少,矮牵牛花色由紫色变为白色(Paoli ED 等,2009);Schijlen 等(2007)利用 RNAi 技术抑制番茄 *CHS* 的表达,发现转基因番茄花色苷含量、*CHS1* 和 *CHS2* 转录水平及 CHS 酶活性均比野生型的低,果实颜色比野生型的浅,且果实无籽,说明番茄 CHS 不仅参与花色苷生物合成,还有其他生物功能。

2. 查尔酮异构酶(CHI)基因

查尔酮异构酶(CHI)是花色苷生物合成途径中的第 2 个关键酶,基因最早从豌豆中分离出来,目前,该基因已从矮牵牛、菜豆和豌豆等植物中分离并克隆。*CHI* 的表达经常具有时空特异性,对红掌(*Anthurium andraeanum*)花色苷的合成有一定的提高作用(杨哲等,2016)。CHI 能催化 4′,5′,7′-三羟基黄烷酮转化为无色柚皮素,4′,5′,7′-三羟基黄烷酮是合成黄色花色苷的重要底物,因此黄色的形成与 *CHI* 基因表达有关。Nishihara 等(2005)利用 RNAi 技术使烟草的 *CHI* 基因受到抑制,烟草花瓣中的 4′,5′,7′-三羟基黄烷酮含量降低,查尔酮含量增加,花瓣变成黄色。抑制 CHI 的活性或筛选 *CHI* 突变体以提高查尔酮积累,可以显著提高黄酮类物质含量。

3. 黄烷酮-3-羟化酶(F3H)基因

黄烷酮-3-羟化酶(F3H)是花色苷生物合成早期途径中的关键酶之一,*F3H* 基因最先从金鱼草中克隆得到,目前已从多种植物中分离得到,*F3H* 调控黄酮与花色苷产物的合成。许明等(2020)采用农杆菌介导法将藤茶 *F3H* 基因转入烟草中,发现藤茶 *F3H* 基因过表达对烟草类黄酮的生物合成具有促进作用。柳青等(2010)利用 RNAi 技术,抑制大豆 *F3H* 基因表达,发现转化生成的大豆黄烷酮的含量明显高于对照。

4. 二氢黄酮醇 4-还原酶(DFR)基因

二氢黄酮醇 4-还原酶(DFR)是花色苷生物合成途径中把二氢黄酮醇转变为花青素反应的第一个酶,对花色苷的最终形成起到了决定性作用,是一个重要的调控节点。Oreilly 等(1985)采用转座子标签技术首次从玉米和金鱼草中分离 *DFR* 基因,*DFR* 有 DHK、DHQ 和 DHM 3 种底物,*DFR* 在不同植物中特异地选择底物,生成不同的花色苷。Johnson 等(2001)分别将还原 DHK 的 *DFR* 基因导入矮牵牛,矮牵牛花色均变为砖红色。李军等(2012)利用农杆菌介导的遗传转化技术,将桑树(*Morus alba* L.)二氢黄酮醇-4-还原酶(dihydroflavonol-4-reductase, DFR)基因(*MaDFR*)转入栽培烟草中,发现转基因烟草花冠颜色加深,但花色苷的种类没有改变。

5. 花青素合成酶(ANS)基因

花青素合成酶(ANS)是植物花色苷生物合成途径末端的关键酶,主要作用是将无色花青素转化为有色花色苷,是花卉色彩形成的基础物质,ANS 基因最初从玉米的 A2 突变体中克隆得到,大多数 ANS 基因由 2 个外显子和 1 个内含子组成,且剪切位点都一致(Ye 等,2017)。亓希武等(2013)报道在结紫色果的桑树品种'粤椹'中 ANS 基因表达具有组织特异性,且随着果色加深其表达水平呈上升趋势;结白色果的桑树品种'珍珠白'各个组织部位和各个成熟时期 ANS 基因均不表达。Ahn 等(2015)报道紫色品种'结缕草'中 ANS 基因在穗尖及匍匐茎中表达水平较高,绿色品种中表达量明显较低。

6. 类黄酮-3-O-葡萄糖基转移酶(3GT)基因

类黄酮 3-O-葡萄糖基转移酶(3GT)是花色苷生物合成途径的最后一个关键酶,主要负责将不稳定的花青素转变为稳定的花色苷。王惠聪等(2004)研究表明,荔枝花色苷的积累与 3GT 基因活性呈显著正相关。Kobayashi 等(2001)认为葡萄表现型由白色向红色的转变是因为 3GT 基因表达活性变化的结果。韦青(2010)通过组培技术向马铃薯中导入 3GT 基因,发现转基因植株的块茎和匍匐茎中该基因表达量明显高于对照。

1.3.2 花色苷生物合成过程中主要调控基因

花色苷生物合成过程中主要调控基因有 3 类:MYB、bHLH 和 WD40 转录因子,这些转录因子可形成复合体,激活或者抑制结构基因的时空表达,调控花色苷在植物中的积累。

1. MYB 转录因子

MYB 转录因子(v-myb avian myeloblastosis viral oncogene homolog)包含一段保守的 MYB 结构域,为 51～52 个氨基酸的肽段。根据 MYB 结构域的个数可分为 3 类:含有 1 个结构域的 R3-MYB,含有 2 个结构域的 R2R3-MYB 和含有 3 个结构域的 R1R2R3-MYB0MYB 转录因子,在调控花色苷合成过程中起着重要的作用。Deluc 等(2006)在烟草中过表达葡萄 VvMYB5a 基因,影响烟草中花色苷、黄酮醇、单宁酸和木质素的代谢。而李军等(2016)研究发现,与花青素合成相关的 MnMYB4 基因表达量随着桑树果实发育呈下调趋势,基因 MnMYB330 显著上调,表明前者在花青素合成过程中起负调控作用,后者起正调控作用。

2. bHLH 转录因子

bHLH 转录因子(basic Helix-Loop-Helix(bHLH)transcription factor)包含

一段保守的 bHLH 结构域,约 60 个氨基酸残基组成。bHLH 转录因子是调节类黄酮和花色苷合成的一类重要基因。Park 等(2007)研究表明,将 *WWJ72* 基因插入转座子形成圆叶牵牛 ivs(ivoryseed)突变体,突变体花色变为白色,种子颜色由深棕色变为乳白色。Butelli 等(2008)将金鱼草中两个花色苷合成调控因子 Delila(bHLH 转录因子)和 Rosea1(MYB 转录因子)转入番茄中导致番茄果实中各种多酚类物质尤其是花色苷含量大量提高。

3. WD40 转录因子

WD40(WD40 repeat proteins,WDR)重复蛋白家族一般由 4～16 个 WD 重复基元组成,每个 WD 基元约由 40 个高度保守的氨基酸残基组成。目前,已经从矮牵牛、拟南芥、紫苏、玉米和苹果克隆出编码 WD40 蛋白的基因 *AN11*、*rTG1*、*PFWD*、*PAC1* 和 *WTTG1*。Selinger 等(1999)研究表明,编码 WD40 蛋白的玉米 *PAC1* 基因与矮牵牛 *4M1*、拟南芥 *TTG1* 类似,可以调节整个花色苷合成途径中的不同结构基因。

1.3.3 影响花色苷合成的内在因素及外在因素

1. 内在因素

在果实中,花色苷自果实形成期开始合成,进入着色期,花色苷合成速率加快。花瓣中花色苷的积累通常在半开时达到最大值,而盛开期以后只降解不合成。对于叶片而言,其花色苷的积累与叶绿素含量和周围环境密切相关,在进入冬天时气候寒冷干燥,植物叶片叶绿素含量下降,而花色苷大量合成,叶片变红,并且此时花色苷的大量积累有利于植物适应寒冷的环境。

脱落酸(ABA)是一种具有倍半萜结构的内源性植物激素,可通过两个方面促进花色苷的积累:一方面,通过影响植物各内源激素间的比例促进花色苷的积累,如喷施外源 ABA 后,果实内源 ABA 及乙烯释放量增加,使植物体内 ABA、乙烯等激素之间的动态平衡也发生改变,导致果实花色苷大量积累;另一方面,ABA 能够上调花色苷合成途径中相关基因的表达,从而促进花色苷的积累。经 ABA 处理后的草莓果肉中花色苷合成相关基因(*CHS*、*CHI*、*F3H*、*3GT*、*DFR*)表达量上升,同时草莓颜色加深。

赤霉素(GA$_3$)是植物六大激素之一,在植物生长过程中发挥调控作用,同时也是植物花色苷合成与积累的重要调控因子。牛亮亮等(2014)的试验结果证明,增加紫甘薯中外源 GA$_3$ 浓度后,其花色苷含量逐渐增加,并且块茎中 *CHS*、*CHI*、*F3H*、*F3′H* 等基因的表达量增加,表明 GA$_3$ 通过上调紫甘薯花色苷合成相关酶基因的表达促进花色苷的合成；但是也有研究结果证明 GA_3 在一定程度上可抑制花色苷的合成，比如杧果在采摘前喷施 GA_3，能够有效延缓果皮中花色苷含量的上升，推迟果实成熟衰老的进程（曾凤等，2016）。所以 GA_3 对花色苷合成积累的影响具有物种特异性，是植物花色苷合成的重要调控因子。

茉莉酸甲酯、二氢茉莉酸丙酯、乙烯利和芸薹素内酯均可促进水果果皮中花色苷的积累，进而达到改善果实品质的目的。

糖能够为花色苷合成提供前体物质和能量，且高浓度糖存在时植物体内水分活度下降，可使花色苷得到保护。北美豆叶梨在叶色基因表达期间，其可溶性糖含量逐渐增加并且一直保持在较高水平（杨暖，2016）；另外，万寿菊在含有蔗糖或葡萄糖的培养基上培养时，其花瓣颜色不断加深且花色苷积累量增加，表明蔗糖和葡萄糖有利于万寿菊花色苷的积累（刘健晖等，2016）。

2. 外在因素

花色苷的生物合成会受到外界各种环境因素的影响，其中温度与光照是主要的影响因素（柯燚等，2015）。温度可以通过影响花色苷合成相关酶的活性来间接影响花色苷的合成。在高温条件下，花色苷合成相关酶的活性下降，抑制了花色苷的合成，同时花色苷稳定性被破坏，最终导致花色苷含量大大降低。对于大部分果树植物来说，低温往往更有利于花色苷的积累，如富士苹果在低温处理下其果实 GT 酶活性明显增强，花色苷含量显著高于对照组（Zhang 等，2020）。而高温胁迫在促进花色苷合成的同时也会加速花色苷的降解。红美丽李果实经高温处理后，其 PAL、CHS、DFR 及 ANS 等的酶活性明显增强，但在处理第 9 天后，约有 16.5% 的花色苷发生由高温直接导致的化学降解，超过 60.0% 的花色苷发生由过氧化氢介导的生理性降解（牛俊萍，2015）。

光是植物合成花色苷的重要环境因子之一，光照可以通过光质、光照度与光照时间影响花色苷的生物合成（王峰等，2020）。在不同光质下，花色苷的积累量不同。番茄幼苗在黑暗环境中不合成花色苷，在单色红光或蓝光照射下，随光照强度增加，其体内花色苷积累量增加，且单红光的促进作用显著优于单蓝光（贾真真等，2018）；而草莓经单色红光和蓝光处理后其花色苷的积累均显著增加（Zhang 等，2018）；对于大多数植物，紫外线是花朵成色、花色苷积累的重要因子。强光可以刺激许多植物花色苷的形成与积累，杧果等在强光诱导下花色苷含量显著增高（Velu 等，2016）；但对于杜鹃红山茶花、紫白菜和地被菊等植物，高光照和低光照均不利于其花瓣中花色苷的积累（汪越等，2016）。光周期也会影响植物花色苷的生物合成，合适的光周期有利于花色苷的合成与积累。利用补光技术延长光照时间能显著提高植物花色苷的积累（潘晓琴，2019）；然而，并非光照时间越长，花色苷积累越多。亚洲杂交百合'Vivaldi'在黑暗条件下生长时,花色苷含量很低,光照后迅速增加,但光照时间过长后,花色苷含量又逐渐降低(Yamagishi 等,2010)。

花色苷是植物细胞渗透调节物质之一,通过提高植物体内花色苷含量可增强其抗旱能力。在水分胁迫下,紫色不结球白菜体内的花色苷作为一种渗透调节物质,被大量合成以调节其体内稳态,进而抵御水分胁迫的侵害(沈露露等,2016)。此外,灌溉水的 pH 对花色苷的生物合成和积累也有影响。例如,中性水和碱性水灌溉下,白桦幼苗花色苷合成量均增加,而酸性水灌溉下则作用相反(Yang 等,2017)。

不同的土壤质地所含的营养元素和化学元素各不相同,同种植物在不同土壤中其营养状况也存在较大差异。研究结果表明,土壤中营养元素的有效性、浓度及微生物活性等均影响植物体内花色苷的合成与积累。比如,土壤中的营养元素(有机质)增加,葡萄果皮中的花色苷含量也显著增加(Keller 等,1998);钙离子是植物生长发育所必需的,其在花色苷生物合成过程中也发挥一定作用。如萝卜经 UV-A 光照并灌溉加钙富氢水时,其下胚轴花色苷含量增加,但如果灌溉缺钙的富氢水,花色苷含量则不发生变化(Zhang 等,2018);同时,钙离子可作为诱导物,诱导花色苷合成关键酶基因(DFR、GTs)表达量升高,从而调控花色苷的合成。

参考文献

曾凤,郭子娟,李雯.赤霉素对台农杧果保鲜效果的研究.广东农业科学,2016,43(9):112-117.

贾真真,王春英,胡超,等.不同光质对番茄幼苗花色素苷积累的影响.黑龙江农业科学,2018(1):66-67.

康美玲,冯凯,段希,等.水芹类黄酮 3′-羟化酶基因的克隆与表达特性分析.植物生理学报,2018,54(2):282-290.

柯燚,高飞,金韬,等.温度对植物花青素苷合成影响研究进展.中国农学通报,2015,31(19):101-105.

李军,赵爱春,Diane U,等.桑树 MaDFR 的克隆及功能分析.山西农业科学,2012,40(6):563-565.

李军,赵爱春,刘长英,等.桑树花青素合成相关 MYB 类转录因子的鉴定与功能分析.西北植物学报,2016,36(6):1110-1116.

刘健晖,王志新,曹丽敏,等.糖和植物生长调节剂对万寿菊花色素苷合成的影响.衡阳师范学院学报,2016,37(3):128-131.

柳青,李欣达,王玉民,等.RNAi干扰的F3H基因转化大豆的研究.北京农业,2010,5:7-11.

牛俊萍.高温对红美丽李果实花色苷代谢的影响.杨凌:西北农林科技大学,2015.

牛亮亮.赤霉素影响紫心甘薯花色素苷合成机制的初步研究.广州:华南师范大学,2014.

潘晓琴,宋世威.光环境影响植物花青素生物合成研究进展.植物学研究,2019,8(2):118-125.

亓希武,帅琴,范丽,等.桑树花青素合成酶(ANS)基因的克隆及在2种果色桑树中的表达特征.蚕叶科学,2013,39(1):5-13.

沈露露,胡春梅,许玉超,等.水分胁迫对紫色不结球白菜花色苷合成及相关基因表达的影响.西北农业学报,2016,25(4):588-594.

汪越,易慧琳,刘楠,等.光强和施肥对杜鹃红山茶成花品质的影响.生态科学,2016,35(6):41-45.

王峰,王秀杰,赵胜男,等.光对园艺植物花青素生物合成的调控作用.中国农业科学,2020,53(23):4904-4917.

王惠聪,黄旭明,胡桂兵,等.荔枝果皮花青苷合成与相关酶的关系研究.中国农业科学,2004,37(12):2028-2032.

王蕊,郑健,李彦慧,等.华北紫丁香黄烷酮-3-羟化酶基因克隆及表达分析.分子植物育种,2018,16(12):3863-3869.

韦青.3GT基因转化马铃薯的研究.南京:南京农业大学,2010.

肖继坪,李俊,郭华春.彩色马铃薯类黄酮-3-O-葡萄糖基转移酶基因(3GT)的生物信息学和表达分析.分子植物育种,2015,13(05):1017-1026.

许明,伊恒杰,郭佳鑫,等.藤茶黄烷酮3-羟化酶基因AgF3H的克隆及表达分析.西北植物学报,2020,40(2):185-192.

杨暖.北美豆梨叶色变化及生理特性研究.泰安:山东农业大学,2016.

杨哲,刘克林,彭佳佳.红掌查尔酮异构酶基因的克隆与表达分析.园艺学报,2016,43(7):1402-1410.

张丽群.茶树CHS家族基因gDNA克隆、基因表达及与多酚含量的关系分析.北京:中国农业科学院,2013.

张雪,王荔,瞿飞,等.引种红梨花青苷合成及相关因子变化.西南农业学报,2017,30(5):1162-1167.

Ahn JH,Kim JS,Kim S,et al. De novo transcriptome analysis to identify anthocyanin biosynthesis genes responsible for tissue-specific pigmentation in zoysiagrass(*Zoysia japonica* S.). Plos One,2015,10:e0124497.

Butelli E,Titta L,Giorgio M,et al. Enrichment of tomato fruit with health-promoting anthocyanins by expression of select transcription factors. Nat Biotechnol,2008,26:1301-1308.

Christian HG,Silvija M,Daria N,et al. Great cause-smalleffect:undeclared genetically engineered orange petunias harbor an inefficient dihydroflavonol 4-reductase. Frontiers in Plant Science,2018,9(149):1-10.

Deluc L,Barrrieu F,Marchive C,et al. Characterization of a grapevine R2R3-MYB transcription factor that regulates the phenylpropanoid pathway. Plant Physiol,2006,140:499-511.

Guo J,Zhou W,Lu Z,et al. Isolation and functional analysis of chalcone isomerase gene from purple-fleshed sweet potato. Plant Molecular Biology Reporter,2015,33(5):1451-1463.

Han YH,Ding T,Su B,et al. Genome-wide identification,characterization and expression analysis of the chalcone synthase family in maize. International Journal of Molecular Sciences,2016,17(2):161-176.

He F,Mu L,Yan GL,et al. Biosynthesis of anthocyanins and their regulation in colored grapes. Molecules,2010,15(12):9057-9091.

Holton TA ,Cornish EC. Genetics and biochemistry of anthocyanin biosynthesis. The Plant Cell,1995,7:1071-1083.

Hu M,Lu Z,Guo J,et al. Cloning and characterization of the cDNA and promoter of UDP-glucose:flavonoid 3-O-glucosyltrans-ferase gene from a purple-fleshed sweet potato. South African Journal of Botany,2016,106:211-220.

Johnson ET,Ryu S,Yi H,et al. Alteration of a single amino acid changes the substrate specificity of dihydroflavonol 4-reductase. Plant J,2001,25:325-333.

Keller M,Hrazdina G. Interaction of nitrogen availability during bloom and light intensity during veraison. II. Effects on anthocyanin and phenolic development during grape ripening. American Journal of Enology & Viticulture,1998,49(3):341-349.

Kobayashi AS, Ishimaru M, Ding CK, et al. Comparison of UDP-glucose:flavonoid 3-O-glucosyl transferase(UFGT)gene sequences between white grapes (*Vitis vinifera*)and their sports with red skin. Plant Science,2001,160:543-550.

Li M，Cao YT，Ye SR，et al. Isolation of CHS gene from *Brunfelsia acuminata* flowers and its regulation in anthocyanin biosysthesis. Molecules，2016，22(1):44-53.

Liu F，Yang YJ，Gao JW，et al. A comparative transcriptome analysis of a wild purple potato and its red mutant provides insight into the mechanism of anthocyanin transformation. Plos One，2018，13(1):e0191406.

Nishihara M，Nakatsuka T，Yamamur AS. Flavonoid components and flower color change in transgenic tobacco plants by suppression of chalcone isomerase gene. FEBS Lett，2005，579:6074-6078.

Oreilly C，Shepherd NS，Pereira A，et al. Molecular cloning of the al locus of *Zea mays* using the transposable elements En and Mui. EMBO J，1985，4:877-882.

Paoli ED，Dorantes-Acosta A，Zhai J，et al. Distinct extremely abundant siRNAs associated with cosuppression in petunia. RNA，2009，15(11):1965-1970.

Park KI，Ishikawa N，Morita Y，et al. A bHLH regulatory gene in the common morning glory，Ipomoea purpurea，controls anthocyanin biosynthesis in flowers，proanthocyanidin and phytomelanin pigmentation in seeds，and seed mation. Plant J，2007，49:641-665.

Pervaiz T，Songtao J，Faghihi F，et al. Naturally occurring anthocyanin，structure，functions and biosynthetic pathway in fruit plants. Journal of Plant Biochemistry & Physiology，2017，5(2):187-196.

Pojer E，Mattivi F，Johnson D，et al. The case for anthocyanin consumption to promote human health: a review. Comprehensive Reviews in Food Science and Food Safety，2013，12:483-508.

Pombo MA，Martinez GA，Civelo PM. Cloning of FaPAL6 gene from strawberry fruit and characterization of its expression and enzymatic activity in two cultivars with different anthocyanin accu-mulation. Plant Science，2011，81(2):111-118.

Schijlen EG，de Vos CH，Martens S，et al. RNA interference silencing of chalcone synthase，the first step in the flavonoid biosynthesis pathway，leads to parthenocarpic tomato fruits. Plant Physiol，2007，144:1520-1530.

Selinger AD，Chandler VL. A mutation in the pale aleurone color1 gene identifies a novel regulator of the maize anthocyanin pathway. Plant Cell，1999，11:5-14.

Shi SG, Yang M, Zhang M, et al. Genome-wide transcriptome analysis of genes involved in flavonoid biosynthesis between red and white strains of Magnolia sprengeri pamp. BMC Genomics, 2014, 15(1): 706.

Tanaka Y, Sasaki N, Ohmiya A, et al. Biosynthesis of plant pigments: anthocyanins, beta-lains and carotenoids. Plant Journal, 2010, 54(4): 733-749.

Tong YJ, Liu YB, Xu S, et al. Optimum chalcone syn-thase for flavonoid biosynthesis in microorganisms. Critical Reviews in Biotechnology, 2021, 41(8): 1194-1208.

Velu S, Oleg F, Sonia D, et al. Increased anthocyanin and flavonoids in mango fruit peel are associated with cold and pathogen resistance. Postharvest Biology and Technology, 2016, 111: 132-139.

Wu X, Beecher GR, Holden JM, et al. Concentrations of anthocyanins in common foods in the United States and estimation of normal consumption. J Agric Food Chem, 2006, 54: 4069-4075.

Yamagishi M, Shimmoyamada Y, Nakatsuka T, et al. Two R2R3-MTB Genes, homologs of Petunia AN2, regulate anthocyanin biosyntheses in flower tepals, tepal spots and leaves of Asiatic Hybrid Lily. Plant and Cell Physiology, 2010, 51(3): 463-474.

Yang L, Zhang D, Qiu S, et al. Effects of environmental factors on seedling growth and anthocyanin content in Betula 'Royal Frost' leaves. Journal of Forestry Research, 2017(6): 45-53.

Ye JB, Xu F, Wang GY, et al. Molecular cloning and characterization of an anthocyanidin synthase gene in *Prunus persica* (L.). Notulae Botanicae Horti Agrobotanici Cluj-Napoca, 2017, 45(1): 1842-4309.

Zhang M, Tian G, Li XH, et al. ROS produced via BsRBOHD plays an important role in low temperature-induced anthocyanin biosynthesis in *Begonia semperflorens*. Russian Journal of Plant Physiology, 2020, 67(2): 250-258.

Zhang XB, Abrahanc C, Colquhoun TA, et al. A proteolytic regulator controlling chalcone synthase stability and flavonoid biosynthesis in arabidopsis. Plant Cell, 2017, 29(5): 1157-1174.

Zhang XY, Wei JY, Huang YF, et al. Increased cytosolic calcium contributes to hydrogen-rich water-promoted anthocyanin biosynthesis under UV-A irradiation in radish sprouts hypocotyls. Frontiers in Plant Science, 2018, 9: 1020.

Zhang YT, Jiang LY, Li YL, et al. Effect of red and blue light on anthocyanin accumulation and differential gene expression in strawberry(*Fragari* × *ananassa*). Molecules, 2018, 23(4):820-836.

第 2 章　花色苷的提取、分离、鉴定及定量检测

花色苷一般存在于植物细胞的液泡中,被细胞壁等组织保护起来而不易提取,需要用适当的溶剂从植物组织中抽提出来。花色苷在溶剂中的溶解度大小及向溶剂中扩散的难易程度决定了花色苷的提取率。为提高提取率,需要对细胞进行预处理,如干燥、粉碎等,有助于细胞膜的破裂,但是在细胞破损的过程中也会产生其他杂质,对提取物的纯度造成影响。另外,花色苷离开机体后很容易变性或被破坏。因此,影响植物中花色苷提取的因素有很多,原料品质、提取方法、保存条件等都对花色苷提取物的品质起着至关重要的作用。

2.1　花色苷的提取

近年来,常见的花色苷提取方法有溶剂提取法、酶解提取法、微生物发酵提取法、超临界流体提取法和辅助提取法等。

2.1.1　溶剂提取法

溶剂提取法(liquid extraction,LE)是花色苷提取的一种基本提取工艺。花色苷的基本骨架通常被 1 个或多个极性侧链(如糖基)糖苷化,因而表现出较强的极性。因此,在传统中大都采用溶剂法提取。常用的溶剂主要分为 3 类:水、亲水性有机溶剂(甲醇、乙醇和丙酮等)和亲脂性有机溶剂(石油醚、苯、三氯甲烷、乙醚、乙酸乙酯和二氯甲烷等)。为防止花色苷的降解和提高花色苷的溶出率,常在溶剂中加少量的无机酸(盐酸、硫酸、亚硫酸和碳酸等)或有机酸(甲酸、醋酸、柠檬酸和酒石酸等),使提取液的 pH 控制在 3.5 以下。

1. 水提法

水提法(water extraction,WE)是在常压或加压的条件下,用热水浸泡提取,然后用大孔树脂吸附技术对提取物质进行附着,最后用超滤或反渗透技术经过浓缩得到目标产物粗提物。水浸提法包括热水浸提、酸水浸提、碱水浸提等方法。水

提法是一种绿色环保型的色素类物质提取技术,该方法操作简便、设备要求低、成本低廉、无污染,所得产品无毒,但是所得产品的纯度较低,产品的得率及提取率同样较低。余佳熹等(2021)采用自来水和超纯水提法提取玫瑰中的花色苷并研究了影响玫瑰花色苷水提液稳定性的因素,发现水质对玫瑰花色苷水提液颜色稳定性的影响较小,玫瑰花色苷的稳定性在酸性条件下高于碱性条件,且柠檬酸的含量越高稳定性越高,该研究为玫瑰花色苷的提取和在食品工业中的应用提供了理论依据。

2. 双水相萃取法

双水相萃取法(aqueous two phase extraction,ATPE)是由不相溶的 2 种高分子溶液或者盐溶液组成,具有传质速度快、分相时间短、能耗低、分离步骤少、不引起生物活性物质失活或变性、不存在有机溶剂残留等优点。许丹妮等(2021)以葡萄皮渣为原料,采用双水相法提取葡萄皮渣花色苷的最佳工艺为:乙醇体积分数为 40%、硫酸铵质量分数为 26%、pH 3.0、料液比为 1∶38(g/mL),在此条件下花色苷得率为 (3.05 ± 0.07)mg/g。马懿等(2018)利用双水相体系提取紫甘薯花色苷并分析其抗氧化活性。通过响应面法研究硫酸铵浓度、乙醇浓度和料液比等三因素及其交互作用对花色苷提取率的影响。研究结果显示,当乙醇浓度为 25.1%,硫酸铵浓度为 23.3%,料液比为 1∶38(g/mL)时紫甘薯花色苷的提取率可达 90.3%。

3. 亚临界水萃取法

亚临界水萃取法(subcritical water extraction,SWE)是将水加热至沸点以上、临界点以下,并控制系统压力使水保持为液态,这种状态的水被称为亚临界水,又称超热水和高温水。通常条件下,水是极性化合物。在 505 kPa 压力下,随温度升高(50~300℃)其介电常数由 70 减小至 1。也就是说,其性质由强极性渐变为非极性,可将溶质按极性由高到低萃取出来。

王锋等(2014)以花色苷提取率为考察指标,采用亚临界水提取新鲜紫甘薯中的天然花色苷。通过单因素实验和正交实验确定最优提取条件为:提取温度为 115℃、提取时间为 13 min、料液比为 1∶8(g/mL)、pH 3.0。在此条件下,新鲜紫甘薯中花色苷的得率最高可以达到 0.139 mg/g。与水提法相比,提取时间缩短了 1/5,产品色价提高了 6.2%。Luque-Rodriguez 等(2007)采用动态过热流体法对葡萄皮中的花色苷进行了提取,并得到了最佳的提取工艺。相比于其他提取方法,花色苷提取量是它们的 3 倍,且产品性能较好。亚临界水萃取法在天然产物的分离和提取中有广泛应用,得到的提取物纯度高、品质好,操作具有提取时间短、安全环保、成本低等优点,不足之处是工艺条件要求较高。

4. 有机溶剂提取法

有机溶剂提取法(liquid extraction,LE)在植物花色苷提取中是一种基本的提取工艺,是一种传统和常规的花色苷类物质提取技术,有机溶剂提取法主要分为回流、渗滤、恒温水浴等几种类型,是目前国内外广泛使用的色素类物质提取方法。由于植物花色苷带有羟基和糖基,是一种极性化合物,并且在中性相与碱性相中不稳定,所以在溶剂提取法中通常采用酸和极性溶液相组合的方式进行提取。影响溶剂法提取效率的因素有:样品粉碎程度、提取时间、提取温度、溶剂种类等。花色苷在甲醇和乙醇中有较好的提取效果,一般选用酸性甲醇或乙醇作为提取剂,辅助以振荡、搅拌、超声提高提取率。然而,对于食品行业,在以有机溶剂作为提取溶剂时,不仅要考虑花色苷的提取率,更应从成本、安全性等角度出发,选择合适的溶剂作为提取溶剂。酸化乙醇因其安全、高效提取的优点成为现阶段花色苷提取最常用的溶剂。肖军霞等(2021)采用酸化乙醇法提取红树莓中的花色苷,通过正交实验得到红树莓中花色苷的最佳提取工艺,即红树莓浆用80%乙醇(含3%的乙酸)溶液以1:15(g/mL)的料液比在60℃下浸提1 h,浸提2次,在此条件下提取得到的花色苷得率为0.726 mg/g鲜果。

溶剂提取法具有操作简单、所需设备要求及成本低等优点,但有机溶剂的毒性问题以及对环境的危害为其使用带来隐患,并且在其生产过程中的废物处理也需要高成本的投入,为企业带来负担。

5. 加压溶剂萃取法

加压溶剂萃取法(pressurized liquid extraction,PLE),又称加压液体萃取、快速溶剂萃取(accelerated solvent extraction,ASE),在提取过程中向体系中通入高纯氮气,提高体系压力,并可以防止花色苷被氧化。在升高体系温度的情况下,溶剂对原料颗粒的穿透能力有较大增强,使得溶剂扩散加速,提取物的浸出速度和浸出率都明显增大。加压溶剂萃取法是利用高温高压的作用来提高有效成分提取效率的全新技术。

张晓松等(2015)以乙醇作溶剂,采用加压溶剂法提取了紫色马铃薯中的花色苷,结果表明,提取温度对花色苷提取影响极显著,其次是乙醇浓度,而提取时间和料液比的影响较小。最佳工艺条件为:乙醇浓度为77%,提取温度为67℃,提取时间为25 min,料液比为1:58(g/mL)。在此条件下每100 g提取液测得的总花色苷含量为200.13 mg,且比超声波辅助提取法提取的总花色苷含量高43.65%。

唐晓伟等(2011)采用快速溶剂萃取(ASE)法研究紫色山药中花色苷的提取温度、循环次数、冲洗体积及静态时间等因素对提取效率的影响。确定紫山药花色苷的最佳提取条件为：温度为 80℃，循环提取 4 次，冲洗体积为 120%，静态时间为 2 min，影响提取效率的主要因素是温度。该技术与常规溶剂提取法相比，具有提取时间短、溶剂用量少、萃取效率高等优点。

6. 低共熔溶剂提取法

低共熔溶剂提取法（deep eutectic solvent，DES）是利用一定组成比例的低共熔混合溶剂，在适宜条件下提取天然产物的一种方法。深晶低共熔溶剂（DESs）是指由氢键受体（如季铵盐等）和氢键供体（如醇类、羧酸等）按一定化学计量比组合而成，其混合物凝固点低于各组分熔点的有机混合物。深晶低共熔溶剂中含有少量水作为溶剂，但含水量超过 50% 会降低其提取效能。低共熔溶剂法可与负压空化提取法联合使用提取花色苷。深晶低共熔溶剂稳定性较弱，能被土壤微生物降解成低毒或无毒的物质，对环境友好，是有机溶剂的可持续替代品。

周萍等（2021）以桑葚果渣为原料，测试了不同类型 DESs 对花色苷提取率的影响，结果表明 DESs 中草酸：氯化胆碱摩尔比为 1∶1，含水量 30% 是提取花色苷的最佳提取溶剂，花色苷提取率达 97.49%。

2.1.2　酶解提取法

酶解提取法（enzyme assisted extraction，EAE）是利用酶反应所具有的高度专一性等特点，选择相应的酶，将细胞壁的组成成分水解或降解，破坏细胞壁结构，从而促进细胞器内花色苷类物质的溶解、混悬或胶溶于溶剂中。应选择与花色苷的稳定 pH 相近的具有最大活性的酶，以保证提取的高效。用于花色苷提取的酶主要有纤维素酶、α-淀粉酶和果胶酶。酶提取法特别适合从细胞壁较厚和果胶含量较高的基质中提取出花色苷。

李颖畅等（2008）用纤维素酶、果胶酶及二者复合对蓝莓果中花色苷进行了提取，发现纤维素酶提取效果较好。米佳等（2020）用超声波辅助果胶酶提取黑果枸杞中花色苷，所提取的黑果枸杞花色苷在强酸性的储存液中避光低温保存能够较好地保留。赵晓丹等（2015）采用正交试验确定了纤维素酶及果胶酶法提取紫薯花色苷的最优工艺，明确了果胶酶辅助提取紫薯花色苷的效果要优于纤维素酶。该方法的优点是操作稳定、提取温和、可靠性高，环境友好，与传统方法相比可明显提高提取率且缩短提取时间，并减少有机溶剂的使用，降低生产成本，但在花色苷提取操作中，酶解法较少单独使用，往往作为超声、微波等提取法的辅助前处理环节。

2.1.3　微生物发酵提取法

微生物发酵提取法（microbial fermentation extraction，MFE）是利用与微生物作

用相关的酶类催化作用将提取原料细胞的细胞壁破坏,促使原料细胞器胞体将花色苷类物质释放到提取液中,以加速提取的效率和速率。其特点是原料利用率大大提高,促进了花色苷类物质的溶出,提高了提取率和产物得率。微生物发酵作用可以分解提取液中的糖类、有机酸等大分子杂质,大大降低了提取物纯化的难度。韩永斌(2007)以紫甘薯为原料利用此法提取花色苷时发现,接种 10% 酵母量,发酵温度为 27℃,初始 pH 3.0,经过 72 h 的发酵,花色苷质量浓度可达到 66.6 mg/L;并与传统溶剂提取法进行对比发现,所得花色苷含量减少了 14.4%,但色价提高了 49%,同时每 100 g 发酵物可得到 200 mL 体积分数 6% 的发酵乙醇。

发酵法大大弥补了传统提取方法花色苷提取率不高、纯化难度大、原料利用率低下等缺点。此外,微生物还可作用于色素提取后的残渣,发酵产生酒精等副产物,在提高原料利用率基础上大大降低了工业化生产的成本。

2.1.4 超临界流体提取法

超临界流体提取法(supercritical fluid extraction,SFE)是一种新兴的提取技术,具有高效、绿色、安全、无污染等诸多优点。超临界萃取法处理温度低,特别适合热敏性物质,如花色苷的萃取。超临界流体萃提取法是一种使用超临界流体(在气液临界点)从固体甚至液体基质中提取目标组分的技术。超临界流体的性质介于气体和液体之间,具有与传统溶剂不同的物理化学性质,其密度与液体相近,黏度与气体相近,具有密度大、黏度小、溶解性强及传质系数大等特点。常见的超临界流体有 CO、CO_2、N_2O、NH_3 等。使用超临界流体萃提取法时应对样品进行预处理,以去除非极性成分的影响,减少干扰物的量。

超临界二氧化碳(CO_2)被认为是超临界萃取的理想溶剂,该法是利用介于液态和气态的 CO_2 在一定条件下作为提取溶剂提取天然产物的一种方法。高于临界温度和压力的流体称为超临界流体,具有较强的流动性、传递性和溶解能力。提取过程可适当添加夹带剂(如乙醇、甲醇、丙酮等)提高花色苷溶解度。超临界提取法由于提取温度不高(一般在 40℃ 左右),适宜提取不耐高温的天然活性产物,如花色苷、叶绿素等。另外它具有无毒、性价比高、易于获取等优点,是一种得到广泛认可的绿色溶剂。Qin 等(2019)用超临界 CO_2 提取蓝莓果渣中的花色苷时,在优化得到的最佳提取工艺条件下,花色苷得率可达 1.48 mg/g。Jiao 等(2018)采用此技术并与辅助溶剂组合使用从蓝靛果莓中提取花色苷,结果表明,与同时采用乙醇与水作为辅助溶剂相比,仅用水为辅助溶剂时,可获得含量较高的花色苷。

2.1.5　辅助提取法

花色苷存在于植物的细胞液中,被细胞壁、细胞膜包裹,为提高色素得率,常采用超声波、微波、脉冲电场及高压水法等技术破坏细胞壁和细胞膜,提高组织细胞的渗透性,缩短提取时间。

1. 超声辅助提取法

超声辅助提取法(ultrasound assisted extraction,UAE)是利用频率为 20 kHz 至 50 MHz 之间的电磁波所产生的正负压强快速交变现象来提升目标物质提取量的一种提取方法。超声频率能促进植物组织的水合作用,导致细胞壁孔隙增大,有时甚至导致细胞壁破裂,促进溶质转移,因此能使提取产量增加。同时超声波不对提取物的结构活性造成影响。张岩等(2022)采用超声辅助提取酿酒葡萄皮渣花色苷,结果表明,最优工艺是磷酸浓度为 2.50%,料液比为 1∶25(g/mL),超声时间为 25 min,超声温度为 50℃,在此条件下,提取的总花色苷含量为 4.034 mg/g。该提取工艺提取剂用量少、时间短,提取的花色苷含量与采用高端仪器相近,提取工艺简单易操作,投入成本较低,适用于工厂大规模生产。

2. 微波辅助提取法

微波辅助提取法(microwave-assisted extraction)是利用一定强度频率在 300 MHz 至 300 GHz 间(波长在 1 mm 至 1 m 范围)的电磁波所产生的高能电磁辐射促使目标物质与基体有效分离的一种提取方法。高频微波使植物细胞内极性物质吸收大量微波能,造成细胞内温度迅速上升形成压力差,使细胞壁出现裂纹和孔洞,从而有利于溶剂进入细胞内溶解释放花色苷。李巨秀等(2010)以甜石榴为试验材料,优化微波辅助提取石榴花色苷的工艺参数。结果表明:微波辅助提取石榴花色苷的最佳工艺参数为溶剂 pH 1、料液比 1∶13(g/mL)、提取时间 210 s、乙醇体积分数 70%、微波输出功率 360 W。此条件下,花色苷得率为 0.18 mg/g。

微波法提取花色苷通常使用极性溶剂,如不同比例的酸性乙醇水溶液。超声微波共同辅助提取法可发挥协同作用进一步提升提取效能,其中微波穿透有助于植物细胞破裂,减少溶剂使用量。微波辅助提取法具有耗时短、能耗小、效率高等优点,但是微波提取花色苷受微波功率和时间的影响较大,随着时间和功率的增加,反应体系温度急剧上升,导致花色苷降解,得率下降。

3. 超高压辅助提取法

超高压辅助提取法(high hydrostatic pressure assisted extraction)指在密闭的超高压容器内,以水或油为介质在常温或加热的条件下加压到 100~1 000 MPa 对软包装食品进行处理，以达到杀菌、钝酶、提取和加工食品等目的的一种新兴食品加工技术。超高压辅助提取法中高压能使溶剂液体处于更高的温度（通常是高于溶剂沸点的温度），该特性可以改善提取物的溶解性、样品润湿性和基质渗透性，从而提高萃取率。陈亚利等（2018）对紫甘薯花色苷的超高压提取工艺进行了优化。紫甘薯花色苷得率为 0.83 mg/g，最佳提取工艺条件为：柠檬酸浓度为 2.0%，料液比为 1∶40（g/mL），保温时间为 3 min，压力为 200 MPa。与传统的溶剂提取法相比，超高压辅助提取法用时较短，效率较高。Corrales 等（2008）研究了超高压提取葡萄皮中花色苷的工艺，得到最佳提取条件为：乙醇体积分数为 100%，提取温度为 50 ℃，提取压力为 600 MPa，在此条件下，花色苷提取率可达 65.4%，比传统提取方法提高 23%。李鹏等（2021）以桑葚为原料，采用超高压辅助法提取桑葚中的花色苷，在单因素试验基础上通过响应面分析法，确定了超高压辅助提取桑葚花色苷的最佳工艺条件为：提取压力为 430 MPa、料液比为 1∶12（g/mL）、乙醇浓度为 75%，在此条件下桑葚花色苷得率为（1.97±0.02）mg/g。各因素对桑葚花色苷提取效果影响的主次顺序为：提取压力＞乙醇浓度＞液料比；与传统热提取法对比发现，超高压辅助提取花色苷得率提高了 43.80%。

超高压辅助提取技术是近年快速发展的用于活性物质提取的新技术，与热提取法、超声辅助提取法、微波辅助提取法等相比，优点在于其提取温度较低，适用于热敏性物质的提取，有效缩短了提取时间，提高了提取效率，避免了因热效应引起的活性成分结构变化、损失以及生物活性的降低，也降低了传统提取时间过长而导致的热敏性物质的损失。

4. 高压脉冲电场辅助提取法

高压脉冲电场辅助提取法（high voltage pulsed electric field assisted extraction）是一种新型的非热加工食品技术，通过产生高压脉冲电场，使得植物组织细胞处于高压脉冲电场内时，生物的细胞膜破裂，增大花色苷由细胞内向细胞外的传质过程，可以提高花色苷的提取率，并缩短提取时间。马懿（2020）以紫薯酿造副产物紫薯酒渣为原料，采用高压脉冲电场辅助法提取花色苷，利用响应面法对提取工艺进行优化。研究结果显示，当料液比为 21（g/mL）、电场强度 18.3 kV/cm、脉冲数 9.3 时，提取到的花色苷含量 0.64 mg/g。Puertolas 等（2013）对马铃薯花色苷高压脉冲电场辅助提取工艺进行优化，并对比了乙醇和水作提取剂，发现水可以代替乙醇作提取剂，比乙醇更环保。高压脉冲电场提取效能与电场激发设备参数、被提取物理化性质、溶剂介质等条件密切相关。张燕等（2006）将两份相同的红莓鲜果分别经冻融和 3.0 kV/cm 高压脉冲电场处理，发现经电场处理后的红莓液泡细胞膜撕裂损伤程度比冻融过程更显著，经高压脉冲电场处理后的红莓花色苷提取液电导率随脉冲数增加而上升。

2.2　花色苷的纯化方法

经过提取的花色苷粗品中往往含有很多有机酸、糖等杂质,产品质量稳定性差、纯度不高。为了提高产品的色价和稳定性,需要对提取物进一步纯化。主要方法包括柱层析法、膜分离法、高速逆流色谱法、固相萃取纯化法、联合纯化法。

2.2.1　柱层析法

柱层析法(column chromatography)是应用最广泛的一类纯化技术。根据固定相的不同,柱层析分离的原理有所不同。早期的固定相主要是氧化铝和纤维素等,目前大多采用凝胶层析法、聚酰胺层析法、硅胶层析法、离子交换树脂层析法、大孔树脂纯化法等。

1. 凝胶层析法

凝胶层析法(gel column chromatography)所用的凝胶属于惰性载体,不带电荷,吸附力弱,操作条件比较温和,可在相当广的温度范围下进行,不需要有机溶剂,且保持分离成分理化性质。大量的研究表明,葡聚糖凝胶 SephadexLH-20 适用于花色苷小分子的分离纯化,分离出的花色苷纯度很高。申芮萌等(2016)研究发现,在使用 SephadexLH-20 分离蓝莓花色苷,以体积分数为 30% 的含酸甲醇水溶液进行洗脱,再经凝胶分离共收集到 7 个峰组分,经紫外-可见全波长扫描测得前 3 个组分为非花色苷组分,后 4 个组分为花色苷类物质,其中第 4 个组分花色苷只含有一种花色苷单体,第 6、7 个组分中主要花色苷峰面积占比分别为 94.31% 与 86.43%。Tian 等(2018)使用 SephadexLH-20 对 8 种浆果植物的叶片及果实中的酚类化合物进行了分离纯化,用梯度乙醇水溶液进行洗脱,并分开收集不同组分洗脱液,其中野樱桃与红莓浆果花色苷含量较高。收集的不同组分野樱桃洗脱液,目标产物花色苷总含量最高达 87%;收集不同组分红莓浆果提取液,减压蒸发得粉末后,目标产物花色苷总含量最高可达 96%。凝胶层析比大孔树脂的分离效果更好,非特异吸附更少,一般将这两种方法一起使用,以便得到纯度更高的花色苷。

2. 聚酰胺层析法

聚酰胺层析法(polyamide column chromatography)近年来在天然产物分离领域广泛应用。在酸性条件下,聚酰胺基团上具有很强电负性的 N、O 原子可通过静电吸引力与带负电的黄酮类和多酚类化合物形成氢键。聚酰胺树脂对黄酮、多酚类化合物具有很好的吸附效果,已被广泛用于从植物中分离天然物质。闫征等(2016)以黑米为原材料,使用聚酰胺对其进行纯化得到矢车菊色素-3-O-葡萄糖苷,最佳工艺条件为:pH 4.0、上样液质量浓度为 25 g/L、上样液流速为 3 mL/min、体积分数为 50%乙醇水溶液作为洗脱液、洗脱液流速为 6 mL/min,得到的矢车菊色素-3-O-葡萄糖苷的纯度为 80.84%,是花色苷纯化提取的有效技术方法。

3. 硅胶层析法

硅胶层析法(silica gel column chromatography)是根据物质在硅胶上的吸附力不同而得到分离,一般情况下极性较大的物质易被硅胶吸附,极性较弱的物质不易被硅胶吸附。王霞等(2004)在对黑甜玉米中黑色素提取及纯化工艺的研究中,采用硅胶层析,使提取后的色素纯度明显提高。徐忠等(2006)对千日红花色苷酶法提取后,用硅胶进行分离纯化,并从径长比和层析柱温度两方面确定适宜的分离纯化条件:即径长比为 1∶30,层析温度为 35 ℃。硅胶层析法由于试验操作简单、成本低、分离效果好,已在花色苷的纯化技术中得到广泛应用。

4. 离子交换树脂层析法

离子交换层析法(ion exchange chromatography)是根据物质的酸碱性、极性进行分离。电荷不同的物质,与离子交换剂有不同的亲和力,改变冲洗液的离子强度和 pH,物质就能依次从层析柱中分离开来。胡隆基等(1990)以葡萄果汁和葡萄皮色素为原料,用磺酸型阳离子交换树脂进行纯化,可除去浓缩液中的糖及有机酸,精制后的产品中花色苷的稳定性得到提高。钟瑞敏等(1995)在葡萄花色苷优化提纯和纯化工艺的研究中,以弱酸性阳离子树脂 D152 作为纯化树脂。D152 的吸附率超过 95%,而且用体积分数 95%乙醇洗脱,其速度较快,洗脱率很高。离子交换树脂提取分离技术设备简单、操作方便、生产连续化程度高,而且得到的产品纯度高、成本低,因此离子交换树脂在天然产物提取分离研究与生产中的应用必将日益广泛。

5. 大孔树脂纯化法

大孔树脂(macroporous resin)是一种不溶于酸、碱以及各种有机溶剂的有机聚合物,其对物质的吸附为范德华力和氢键作用,具有吸附量大、吸附速率快、生产成本低、可循环利用等优点。根据树脂表面基团极性强弱将树脂分为:非极性、中等极性和极性。非极性树脂疏水性较强,适合在极性溶剂吸附非极性物质,如D-101 型;中等极性树脂兼有疏水和亲水功能,如 AB-8 型;极性树脂亲水性较强,适合在非极性溶剂中吸附极性物质,如 DA-201 型。大孔树脂分离纯化效果与树脂自身属性以及纯化工艺流程密切相关。郑红岩等(2014)比较了 11 种大孔树脂分别对蓝莓中花色苷纯化效果，研究发现，XDA-7 大孔树脂对花色苷的纯化效果最好，内部交联结构及分布均匀的孔径使其对花色苷有较好的吸附与解吸能力，纯化后花色苷纯度和提取率分别为 24.5% 和 70.2%。Wang 等(2014)采用 Amberlite XAD-7HP 非离子型弱极性的大孔树脂纯化蓝莓花色苷，花色苷纯度为 32.0%。Buran 等(2014)利用 Amberlite FPX66 吸附树脂对蓝莓水提物中花色苷进行富集，结果发现，FPX66 树脂比 XAD7HP 和 XAD4 树脂具有更高的吸附容量和解吸比，这是由于 Amberlite FPX66 树脂的微孔吸附及大的比表面积增大了与花色苷的接触面积。FPX66 树脂是回收蓝莓水提取物中花色苷和黄酮类化合物的最佳树脂，经此法纯化后的蓝莓水提物冻干品中花色苷纯度为 17.6%。大孔树脂对花色苷的纯化效果与大孔树脂的型号、比表面积、极性大小等有关。上样量、洗脱液浓度和 pH、洗脱液流速会影响花色苷的吸附量和解吸率，从而也影响着花色苷的纯度。要根据原料的不同性质特点及实验设备的可行性来选择合适的树脂以提高花色苷纯度。

6. 色谱纯化法

色谱纯化法(chromatography purification)是利用各类化合物理化性质差异及与色谱柱填充物的亲和力差异，根据物质通过色谱柱时间先后顺序区分化合物的一种分离纯化手段。高效液相色谱法因分析速度快、分离效能高、灵敏度高，能够分离分析沸点高、热不稳定生理活性物质，现已被广泛应用于食品分析、生物化学、药物分离纯化等研究领域，是一种常见的分离分析方法。王二雷等(2018)等采用固相萃取技术(C18 小柱)对蓝莓中花色苷进行了除酸、除糖处理，得到了纯度为 70.2% 的花色苷混合物。最后，采用半制备型高效液相色谱技术对混合物进一步分离得到了 4 种主要花色苷单体，分别为飞燕草色素(纯度 98.2%)、矢车菊色素(纯度 96.3%)、牵牛花色素(纯度 92.6%)、锦葵色素(纯度 90.5%)。王维茜等(2016)用半制备型高效液相色谱法从刺葡萄中分离出两种花色苷单体，分别是锦葵色素-3,5-O-双葡萄糖苷和锦葵色素-3,5-O-双葡萄糖苷-香豆酰，产品纯度分别达到了 99.54% 和 98.28%。冉国敬等(2019)利用中压制备液相色谱从桑葚中制备矢车菊色素-3-葡萄糖苷单体，经提取分离后得到矢车菊色素-3-葡萄糖苷和矢车菊色素-3-芸香糖苷，采用切割方式进行收集，矢车菊色素-3-葡萄糖苷纯度达到 98% 以上。高效液相色谱常常与质谱联合使用，Cerezo 等(2010)使用 HPLC-MS 联用的方式鉴定出草莓中花色苷主要组分为天竺葵色素-3-葡萄糖苷。

2.2.2　膜分离法

膜分离法(membrane separation method)是利用天然或人工制备的选择透过性膜,在膜两侧施加推动力(如压力差、浓度差、电位差等)依据滤膜孔径的大小而通过或被截留,选择性地透过膜,达到分离、提纯目的的一种方法。主要包含微滤、超滤、反渗透和纳滤等。Chandrasekhar 等(2015)从黑莓中提取分离花色苷,用聚乙二醇和硫酸镁构建二相水萃取体系,提取过程中花色苷分配在聚乙二醇相中,多次萃取可使聚乙二醇相中的糖去除率达 96.1%,花色苷提取率为 91.9%,接着经过渗透膜蒸馏处理,花色苷质量浓度从 430.1 mg/L 增加到 790.3 mg/L,再经过渗透膜蒸馏和正向渗透的膜工艺结合处理,花色苷质量浓度达到 2 890.3 mg/L。He 等(2017)从黑米中提取花色苷,先采用相对分子质量为 3 ku 的膜截留除去蛋白和多糖,用 DM301 树脂对花色苷进行吸附,再用体积分数为 85% 的乙醇水溶液洗脱,最后用 200 u 膜截留得到纯化的花色苷,其纯度为 95.93%。在使用膜分离时,可以考虑改善对原材料的预处理技术,纯化时采用多种方法联用技术,如膜分离与树脂吸附联合使用、凝胶分离与膜分离联合使用等,再根据实验的可行性,选出适宜高效的花色苷分离制备方法。

2.2.3　高速逆流色谱法

高速逆流色谱法(high speed counter-current chromatography,HSCCC)是一种液液色谱分配技术,是一种基于两种不相溶的液体作为固定相和流动相,通过螺管高速公转和自转达到连续高效分离纯化混合物的方法。易建华等(2012)采用高速逆流色谱纯化紫甘蓝花色苷,以正丁醇-甲基叔丁基醚-乙腈-水-三氟乙酸(体积比为 2∶2∶1∶5∶0.01)为溶剂系统,得到 3 种化合物,纯度分别为 76.28%、45.46%、91.46%。李媛媛等(2017)采用乙腈-正丁醇-甲基叔丁基醚-水-三氟乙酸(体积比为 1∶40∶1∶50∶0.01)为溶剂体系,纯化红葡萄皮花色苷得到飞燕草色素-3-O-葡萄糖苷、锦葵色素-3-O-葡萄糖苷和芍药色素-3-O-葡萄糖苷,纯度分别为 93.7%、95.2%、91.6%。薛宏坤等(2019)以正丁醇-甲基叔丁基醚-乙腈-水-三氟乙酸(体积比为 2∶2∶1∶5∶0.01)为溶剂体系,纯化桑葚花色苷得到飞燕草色素-3-葡萄糖苷、矢车菊色素-3-葡萄糖苷和天竺葵色素-3-葡萄糖苷,纯度分别为和 92.27%、94.05%、90.82%。但花色苷种类繁多,大规模制造花色苷的单体难以实现。

2.2.4　固相萃取纯化法

固相萃取法(solid phase extraction,SPE)是一种使用合适的固体吸附剂选择性吸附并洗脱目标物或杂质的纯化方法,通过固相萃取可有效去除糖类、有机酸、果胶、蛋白质等杂质,尽可能保留目标化合物。陈亮等(2012)运用 BondElut-C18 固相萃取柱纯化野生桑葚果实花色苷,实验中使用 0.1% 盐酸水溶液和 0.1% 盐酸甲醇溶液分别洗脱除杂和收集花色苷提取液。张杨等(2016)研究了蓝莓酒渣、果、酒中花色苷成分鉴定及酒渣与果中花色苷抗氧化活性,通过固相微萃取小柱纯化获得蓝莓酒渣花色苷,并测定了酒渣中的花色苷含量,鉴定出蓝莓果中的 11 种花色苷,蓝莓酒渣中的 12 种花色苷,蓝莓酒中的 9 种花色苷。

2.2.5　联合纯化方法

因为花色苷种类和结构的复杂性,单一的纯化方法对有些植物花色苷的纯化效果不佳,联合纯化花色苷的研究相继报道。刘静波等(2017)将蓝莓超声浸提、乙酸乙酯萃取制得蓝莓花色苷粗提液,通过 XAD-7HP 大孔树脂吸附、Sep-PakC18 固相萃取、Sephadex LH-20 凝胶色谱柱分离,经高效液相色谱检测上述所得飞燕草色素-3-O-半乳糖苷和锦葵色素-3-O-半乳糖苷,纯度为 96.98%、95.63%。经过计算发现 2 种花色苷单体的回收率仅有 10.4%、17.5%,这是因为大孔树脂和凝胶色谱柱造成总花色苷 50% 以上的损失。于泽源等(2018)采用大孔树脂-中压柱层析联用分离纯化蓝莓花色苷,经 HPLC-MS 测定花色苷单体为矢车菊色素-3-O-葡萄糖苷,纯度为 90.88%。薛宏坤等(2019)采用 AB-8 大孔树脂-SephadexLH-20 凝胶柱层析联用的方法纯化黑加仑花色苷,通过 HPLC-MS 检测分析得出飞燕草色素-3-葡萄糖苷和矢车菊色素-3-芸香糖苷 2 种花色苷单体。

2.3　花色苷的鉴定方法

2.3.1　纸层析法

纸层析法(paper chromatography,PC)在 1940 年就被广泛使用,根据花色苷在不同溶剂中的迁移值(R_f)和颜色来判断花色苷的类别。鉴定时,即使没有标准品,通过同一样品在 3～4 种不同展开剂的 R_f 值,对照数据库的 R_f 值就可以粗略估计出样品所含花色苷的种类。常用的展开剂有 BAW[V(正丁醇):V(乙酸):V(水)=4:1:5]、BH[V(2 mol/L 正丁醇):V(HCl)=1:1]、体积分数 1% HCl、AHW[V(乙酸):V(浓 HCl):V(水)=15:3:82]。王川(2007)通过盐酸乙醇提取橙皮花色苷,经纸层析分析其主要成分为矢车菊色素。纸层析法是实验室常规分析方法,具有快速、设备简单等优点。但是对于成分复杂、结构和极性相似的混合物难以分辨。

2.3.2 薄层层析法

薄层层析法(thin layer chromatography，TLC)原理与纸层析法相同，也可采用与纸层析法相同的展开剂，以硅胶为层析支持剂，以乙酸乙酯-甲酸-2 mol/L HCl(体积比为 85∶6∶9)为展开剂分离花色苷。蔡正宗(1995)在分析红凤菜花色苷时，就采用纤维素薄层层析，采用 BAW、AHW、体积分数 1% HCl 上行法推测花色苷结构。

2.3.3 光谱分析法

1. 紫外-可见光谱法

紫外-可见光谱法(ultraviolet and visible spectrometry)主要原理是依据花色苷的不同基团在不同的波长下有不同的吸收峰，进而推断出其结构。在紫外-可见光谱扫描下，花色苷类物质在紫外光区和可见光区有两个特征吸收峰，一个在可见光区(500～540 nm)，主要与 B 环上的生色基团肉桂酰基有关；另一个在紫外光区(270～280 nm)，与 A 环上的生色基团苯甲酰基有关。徐建国等(2005)以桑葚为研究对象，超声波提取桑葚红色素，在紫外光谱法和金属离子反应结合下，对桑葚红色素进行了定性和初步鉴定。

2. 红外吸收光谱法

红外吸收光谱法(infra-red spectrometry)简称红外光谱法，当连续波长的一束红外光透过待测的物质时，该物质分子中的某一个基团的频率(转动、振动)和这束光的频率相同时，此时该物质分子会吸收能量从而能级发生从基态到高能级的跃迁，该物质会吸收这束光，所以会形成吸收峰。目前，在花色苷的结构鉴定中的报道较少。刘晓娜(2016)对黑糯玉米原花青素红外光谱图可见，采用 4 种提取法并纯化后的产物，其结构差异不明显，图谱吸收峰有黑糯玉米花色苷的特征基团苯环、酚羟基、含氧杂环等。

2.3.4 高效液相色谱质谱法

高效液相色谱质谱法(high performance liquid chromatography tandem mass spectrometry，HPLC-MS)是通过对被测样品离子的质荷比的测定来进行分析的方法。质谱法可以给出化合物的分子质量、分子式，而且可以提供有关化合物的结构类型等重要信息。质谱仪具有很高的分辨能力，在测定天然产物结构时，灵敏、准确,已被广泛应用于植物粗提物的快速筛选分析中。HPLC-MS 在目前花色苷鉴定中应用最为广泛。此法克服了 HPLC 法缺少标准品的缺陷,大大提高了花色苷鉴定的准确性。张杨等(2016)采用 HPLC-MS 联用技术对蓝莓酒渣、果、酒中花色苷成分开展结构鉴定,在蓝莓果中鉴定出 11 种花色苷,蓝莓酒渣中鉴定出 12 种花色苷,蓝莓酒中鉴定出 9 种花色苷。舒希凯等(2013)采用高效液相色谱-电喷雾串联质谱法鉴定芍药花色苷质谱分析,确定了芍药花中的主要花色苷是芍药色素-3,5-二葡糖苷,含量为 77.14%。含量较低的 3 种花色苷为矢车菊色素-3,5-二葡糖苷,芍药色素-3,5-乙酸酰二葡糖苷,飞燕草色素-3-葡糖苷。

2.3.5　核磁共振波谱法

核磁共振波谱法(nuclear magnetic resonance spectrometry,NMR)是有机结构鉴定的重要手段之一。广泛应用于分子生物学、药物化学、植物化学等诸多领域,用 NMR 并结合 MS 分离鉴定了花色苷。虽然 NMR 分析可以获得色素分子结构的很多信息,但是应用此法鉴定时需要相对大量的纯化样品(mg 级),而且数据的获得需要较长时间。20 世纪 70 年代开始用于花色苷分析,常用的有 1H-NMR 和 13C-NMR 谱法,核磁共振技术对花色苷中的同分异构体及其糖苷和酰基化位点的分析有着质谱所不具有的优势。金红利(2015)利用带有阳离子交换作用的反相 C18 色谱柱和核磁共振波谱从黑果枸杞中分离鉴定出了 6 个花色苷单体,发现了 1 种新型花色苷 petunidin-3-cis-p-coumaroylrutinoside-5-glucoside。薛宏坤等(2019)应用高速逆流色谱分离纯化桑葚花色苷,经紫外-可见光谱、HPLC-MS 和 NMR 鉴定桑葚主要花色苷为飞燕草色素-3-葡萄糖苷、矢车菊色素-3-葡萄糖苷和天竺葵色素-3-葡萄糖苷。

2.4　花色苷总量的测定

花色苷的最大吸收区在 500~550 nm 范围内,而离这一范围最近的类黄酮的最大吸收范围在 350~380 nm。在新鲜的植物提取物中,因为很少含有在花色苷的最大吸收区发生吸收的干扰物质,花色苷总量可以利用朗伯-比尔定律,通过适当波长处的吸光度来测定,该方法测定花色苷总量需要在一个恒定的 pH 介质中进行。

2.4.1　分光光度法

1. 单一 pH 法

单一 pH 法(single pH method)是利用朗伯-比尔定律,通过测定 pH 缓冲液花色苷最大波长处的吸光度,计算出总花色苷含量的方法,在花色苷定量检测中得到广泛应用(Fuleki 等,1968 和 Lee 等,2005)。翦祎等(2012)为了寻求快速、经济地测定干红葡萄酒中总花色苷含量的方法,比较分析了单一 pH 法、pH 示差法和差减法 3 种方法测定数据的差异性。结果表明,3 种方法的测定结果没有显著性差异($p < 0.05$),均能用于干红葡萄酒总花色苷含量的快速测定。

2. pH 示差法

pH 示差法(pH-differential spectrophotometry)基本原理是花色苷结构在给定的 pH 时存在着平衡,在不同 pH 溶液中花色苷结构不同,主要为酮式(脱水)碱结构呈蓝色,黄烊正离子结构呈红色,甲醇假碱结构和查尔酮结构呈无色。当 pH 较低时,溶液颜色较深呈红色,在一定范围内,随着 pH 的增大,溶液颜色逐渐褪去,当 pH 为 4.5 时,溶液褪至无色,最后当 pH>7 时溶液变为紫色或蓝色(Clifford,2000)。区别于其他天然的黄酮类化合物,花色苷可以强烈吸收可见光,并且结构会随着 pH 的改变而变化,同时颜色会随结构发生变化,吸光值也会随之改变,而干扰物的特征光谱不会随着 pH 的改变而变化(刘玉芹,2010)。因此,pH 示差法通过实验找到吸光度差值最大且体系稳定的两个 pH,再通过测定样品在两个 pH 下吸光值的差异,根据公式就可以计算出花色苷的总量(Dangles 等,1993)。孙婧超等(2011)采用 pH 示差法测定蓝莓酒中花色苷,确定最优化条件是选择确定测定吸光度的 2 个 pH 为 1.0 和 4.5;样品需调整到 pH 为 3.0 测定;反应温度优化为 40℃;平衡 20 min,30 min 内比色;样品中酒精含量基本不影响测定结果的准确性,可以保留酒精进行测定。杨兆艳(2007)利用 pH 示差法对桑葚中花色苷的含量进行检测,结果表明,在检测波长为 510 nm 和 700 nm,pH 为 4.5 时,平衡时间为 80 min,所测得桑葚中花色苷的含量最高。王贝等(2021)建立 pH 示差法测定新鲜蓝莓花青素含量,最优条件是波长 520 nm、缓冲溶液的 pH 分别为 1.0 和 4.5、平衡温度为 30℃、平衡时间为 50 min。

3. 差减法

差减法(substraction method)是先测定样品在可见光区最大吸光度,经二氧化硫或亚硫酸盐漂白或过氧化氢氧化后,再测定一次吸光度,二者的差值就是花色苷的吸光度。参考用标准花色苷绘制的标准曲线,将吸光度换算成浓度(米佳等,2016)。然而,由于差减法要用漂白剂,会使样品中某些干扰组分的吸光值下降,从而使计算后的花色苷浓度结果偏高(卢仟,2004)。

2.4.2　拉曼光谱法

拉曼光谱法(Raman spectrum)以拉曼散射效应为基础,光波被散射后频率发生变化,频率位移与发生散射的分子结构有关,从而完成对不同结构分子的检测。拉曼光谱不需要样品前处理过程,样品可通过光线直接测量,方法快速、简单、可重复性强。张慧洁等(2021)利用拉曼光谱检测技术对桑葚中的花色苷进行了原位、准确、快速检测研究。研究表明,拉曼光谱结合基线校正(airPLS)+多元散射校正(MSC)+归一化(normalized)预处理及竞争性自适应重加权算法(CARC)波长提取可以为桑葚花色苷定量分析提供一种快速准确的分析方法。

2.4.3　近红外光谱法

红外光谱法(near-infrared spectrometry,NIR)具有整体特征性强、取样量小、简便迅速、准确等特点。对于一个混合物体系,其红外光谱图是由多个组分的红外谱图叠加而成,不同的混合物体系所含化学成分不同,光谱的特征吸收峰位置、峰形和峰强度也就不同,从而构成了复杂体系的整体红外光谱,具有宏观的"指纹"特性。

赵武奇等(2015)建立的基于近红外光谱技术的石榴汁中花色苷含量检测模型对验证集的均方根误差为 0.019 766,决定系数为 0.999 2,模型预测性能良好,近红外光谱技术可用于石榴汁中花色苷含量的定量检测。张丽娟等(2020)通过近红外光谱漫反射技术,建立蓝莓果渣花色苷的回归模型,较好地实现3种不同品种蓝莓果渣中花色苷含量的测定,为蓝莓果渣品质分级提供一种快速、支持大样本量的检测方法。王晓琴等(2013)采用近红外分析技术建立定量分析石榴中花色苷的含量分析模型,模型的稳定性和预测能力较好。

2.5　单个花色苷的定量分析

在新鲜的花色苷提取物中含有其他的类黄酮色素、花白素、糖等杂质,在加工或储藏食品中除了含有上述杂质外,还含有褐色降解物,可以利用重复洗脱和色谱除去这些杂质,但是每一步操作都会产生误差。所以理想的方法是先除去花色苷的干扰物质,得到花色苷的浓缩液,然后再进一步分离。对于单个花色苷的定量分析,其分离是关键。

2.5.1　高效液相色谱法

高效液相色谱法是目前测定花色苷较多的方法之一,高效液相色谱能够在较宽的线性范围内保持柱效恒定,在有标准品的情况下,根据花色苷浓度与色谱图中的峰面积成正比而做出定量分析。该方法较为普遍、准确度高、简单且易于操作。

王天琦等(2020)建立了黑枸杞中总花色苷的高效液相色谱-紫外检测法的半定量方法,以矢车菊色素-3-O-葡萄糖苷标准品溶液建立工作曲线,结果良好。何金格等(2020)采用高效液相色谱法建立了蓝莓果中花色苷的定量分析方法。结果表明:飞燕草色素-3-O-葡萄糖苷在 $1.0\sim100$ μg/mL 浓度范围内,线性关系良好($R^2=0.9998$)。蓝莓果中飞燕草色素-3-O-葡萄糖苷回收率为 92.61%,RSD 为 0.75%,且样品中花色苷物质分离度、精密度均良好;检测限和定量限分别为 0.1 μg/mL 和 0.5 μg/mL。刘冰等(2017)应用高效液相色谱法同时测定葡萄和葡萄酒中 6 种基本花色苷。6 种花色苷在 30 min 内得到了很好的分离,其含量与峰面积呈现良好线性关系($R^2>0.9993$),且回收率为 82.2%$\sim$93.3%,精密度好(RSD<5.0%)。赵珊等(2018)采用盐酸甲醇溶液超声提取有色稻米花色苷,以超高效液相色谱-紫外检测器对有色稻米中主要花色苷矢车菊色素-3-O-葡萄糖苷和芍药色素-3-O-葡萄糖苷进行定量检测。结果表明,在 $0.5\sim50.0$ μg/mL 浓度范围内线性关系良好,$R^2>0.999$;矢车菊色素-3-O-葡萄糖苷回收率在 93.0%$\sim$98.5%,RSD 在 0.33%$\sim$3.50%;芍药色素-3-O-葡萄糖苷回收率在 96.0%$\sim$111.7%,RSD 在 0.42%$\sim$2.18%。

2.5.2 高效液相色谱-质谱法

高效液相色谱-质谱法(HPLC-MS/MS)测定准确,检出限低,适合低含量样品的测定和未知结构的花色苷鉴定。陈欣然等(2019)采用超高效液相色谱-电喷雾离子化串联三重四级杆质谱联用技术,以葡萄和葡萄酒中 5 种基本花色苷为标准,利用多反应监测(MRM),确立红葡萄酒中花色苷的分析鉴定方法。该检测方法快速、简单,实现了对红葡萄酒花色苷类物质准确的定性、定量分析。连悦汝等(2022)建立了一种能够同时检测 8 种花色苷的 HPLC-MS/MS 方法,在 $0.5\sim50.0$ ng/mL 浓度范围内线性良好,相关系数 R^2 均大于 0.9900。张协光等(2019)建立超高效液相色谱联用线性离子阱高分辨质谱同时检测果蔬及饮料中 12 种花色苷。电喷雾电离源,正离子模式,扫描范围(m/z):100$\sim$1000。12 种花色苷质量误差≤2.14×10^{-6},72 h 内相对标准偏差≤7.8%。

参考文献

蔡正宗.红凤菜所含两种主要花色素苷之研究.食品科学(台湾),1995,22(2):149-160.

陈亮,辛秀兰,袁其朋.野生桑葚中花色苷成分分析.食品工业科技,2012,33

(15):307-310.

　　陈欣然,张波,张欢,等.红葡萄酒中花色苷的超高效液相色谱串联三重四级杆质谱检测方法建立.食品与发酵工业,2019,45(7):262-268.

　　陈亚利,严成,张唯,等.响应面法优化超高压辅助提取紫薯花色苷的工艺研究.中国调味品,2018,43(8):167-172,176.

　　金红利.藏药黑果枸杞化学成分的系统分离纯化与表征.大连:大连理工大学,2015.

　　韩永斌.紫甘薯花色苷提取工艺与组分分析及其稳定性和抗氧化性研究.南京:南京农业大学,2007.

　　何金格,王政,邓洁红,等.高效液相色谱法测定蓝莓果中花色苷含量.湖南农业科学,2020(5):68-71.

　　胡隆基.食用色素花色苷类的研究与应用动态.全国食品添加剂通讯,1990,(1):23-29.

　　蔺祎,韩舜愈,张波,等.单一 pH 法、pH 示差法和差减法快速测定干红葡萄酒中总花色苷含量的比较.食品工业科技,2012,33(23):323-325+423.

　　李巨秀,王仕钰,房红娟,等.石榴花色苷的微波辅助提取及抗氧化活性研究[J].食品科学,2010,31(3):165-169.

　　李鹏,马剑,张宏志,等.超高压辅助提取桑葚花色苷及其抗氧化活性研究.食品研究与开发,2021,42(2):109-115.

　　李颖畅,孟宪军.酶法提取蓝莓果中花色苷的研究.食品工业科技,2008,29(4):215-217.

　　李媛媛,李灵犀,崔艳,等.高速逆流色谱法分离红葡萄皮中的花色苷.中国酿造,2017,36(2):157-161.

　　连悦汝,甘慧,孟志云,等.新型蓝莓花色苷含量测定及抗氧化性能研究.食品研究与开发,2022,43(7):30-36.

　　刘冰,葛谦,张艳,等.HPLC 法同时测定葡萄和葡萄酒中 6 种基本花色苷.中国酿造,2017,36(2):162-165.

　　刘静波,陈晶晶,王二雷,等.蓝莓果实中花色苷单体的色谱分离纯化[J].食品科学,2017,38(2):206-213.

　　刘晓娜.黑糯玉米原花青素提取纯化和抗氧化性的研究及应用.乌鲁木齐:新疆大学,2016.

　　刘玉芹,王晓,杜金华.花色苷的分离纯化及定性定量方法研究进展.中国食品添加剂,2010(6):178-182.

卢饪．花色苷研究进展．山东农业大学学报（自然科学版），2004，(35)：315-320.

马懿，陈晓姣，古丽珍，等．高压脉冲电场辅助提取紫薯酒渣花色苷[J]．食品工业，2020(8)：68-71.

马懿，古丽珍，包文川，等．双水相法提取紫薯花色苷及其抗氧化活性的研究．中国食品添加剂，2018(6)：73-79.

米佳，禄璐，罗青，等．超声波辅助酶法提取黑果枸杞花色苷的工艺优化及其稳定性研究．食品科技，2020，45(8)：187-191.

米佳，闫亚美，曹有龙，等．花色苷类物质的提取、分离、鉴定．宁夏农林科技，2016(1)：40-47.

冉国敬，蒋鑫炜，黎浩仪，等．利用中压制备液相色谱从桑葚中快速制备矢车菊色素-3-葡萄糖苷单体．食品科学，2019，40(3)：94-100.

申芮萌，杨岚，于宁，等．葡聚糖凝胶 SephadexLH-20 柱层析分离纯化蓝莓花色苷的研究．食品工业科技，2016，37(9)：58-63.

舒希凯，赵恒强，王岱杰，等．高效液相色谱-电喷雾串联质谱法鉴定芍药花色苷质谱分析．食品与药品，2013，15(1)：38-41.

孙婧超，刘玉田，赵玉平，等．pH 示差法测定蓝莓酒中花色苷条件的优化．中国酿造，2011(11)：171-174.

唐晓伟，何红巨，宋曙辉，等．紫山药中花色苷的快速溶剂萃取．北方园艺，2011，(18)144-147.

王贝，侯益明．pH 示差法测定花青素含量的方法研究．山东化工，2021，50(21)：94-96.

王川．橙皮花色苷的分离鉴定及稳定性研究．食品研究与开发，2007，28(8)：38-40

王二雷，陈晶晶，刘彦君，等．基于组合色谱技术的蓝莓果实中花色苷元制备．2018，39(18)：227-234.

王锋，杨腾达，李猷，等．亚临界水法提取新鲜紫薯中花色苷．化学与生物工程．2014，31(12)：44-47.

王天琦，马兆成，吴军民，等．黑果枸杞中花色苷的高效液相色谱分析研究．分析科学学报，2020，36(4)：465-470

王维茜，刘永红．半制备型高效液相色谱法分离刺葡萄花色苷单体．食品科学，2016，37(18)：71-76.

王霞，高云．黑甜玉米中黑色素提取及纯化工艺研究．食品科学，2004，25(11)：198-200.

王晓琴,赵武奇,褚添天,等.石榴花色苷近红外光谱定量分析模型.食品科学,2013,34(13):75-78.

王心哲,孟祥敏,游颖王,等.应用微波辅助水提法提取黑米花色苷粮食与油脂,2020,33(1):94-96.

肖军霞,黄国清,王世清.酸化乙醇法提取红树莓花色苷的研究[J].食品科技,2011,36(3):200-202,205.

徐建国,田呈瑞,胡青平.桑葚红色素纯化的动态洗脱研究.食品工业科技,2005,(4):155-157.

徐忠,薄凯.千日红色苷的酶法提取及纯化研究.食品与发酵工业,2006,32(8):139-141.

许丹妮,杨海玲,范丽丽,等.遗传算法优化双水相法提取葡萄皮渣花色苷工艺及其组分分析.食品工业科技,2021,42(4):169-173,193.

薛宏坤,谭佳琪,刘钺,等.蓝莓果渣花色苷提取工艺优化及其提取物的抗肿瘤活性.精细化工,2019,36(9):1881-1890.

闫征,王四维,李春阳.聚酰胺树脂分离纯化黑米中矢车菊色素-3-葡萄糖苷工艺研究.粮食与饲料工业,2016,9(4):31-36.

杨兆艳.pH示差法测定桑椹红色素中花青素含量的研究.食品科技,2007,32(4):201-203.

易建华,潘毛头,朱振宝.高速逆流色谱分离纯化紫甘蓝花色苷.食品与机械,2012,28(06):129-132,213.

于泽源,赵剑辉,李兴国,等.大孔树脂-中压柱层析联用分离纯化蓝莓花色苷.食品科学,2018,39(1):118-123.

余佳熹,于雅静,吕远平.玫瑰花色苷水提液颜色稳定性的研究.中国调味品,2021,46(3):144-153.

张慧洁,蔡冲,崔旭红,等.基于拉曼光谱技术的桑椹花色素苷快速检测研究.光谱学与光谱分析,2021,41(12):3771-3775.

张丽娟,夏其乐,陈剑兵,等.近红外光谱的三种蓝莓果渣花色苷含量测定.光谱学与光谱分析,2020,40(7):2246-2252.

张晓松,齐美娜,安胜明,等.加压溶剂法提取紫色马铃薯中花色苷的工艺优化.食品工业科技,2015,36(24):278-282.

张协光,肖伟敏,朱丽,等.超高效液相色谱-线性离子阱-高分辨质谱同步检测果蔬及饮料中花青素.分析试验室,2019,38(10):1199-1204.

张岩,赵遵乐,邹琴艳,等.超声辅助提取酿酒葡萄皮渣花色苷工艺的优化及

4 个品种花色苷组分分析. 中国食品添加剂,2022,33(3):181-189.

张燕,李玉杰,胡小松,等. 高压脉冲电场(PEF)处理对红莓花色苷提取过程的影响. 食品与发酵工业,2006,34(6):129-132.

张杨,谢笔钧,孙智达. 蓝莓酒渣、果、酒中花色苷成分鉴定及酒渣与果中花色苷抗氧化活性比较. 食品科学,2016,37(2):165-171.

赵珊,席清清,李曦雷,等. 超高效液相色谱法测定有色稻米中花色苷的含量. 食品与发酵工业,2018,44(11):301-306.

赵武奇,乔瑶瑶,王晓琴,等. 近红外光谱技术检测石榴汁中花色苷含量. 陕西师范大学学报(自然科学版),2015,43(2):99-102.

赵晓丹,李嘉. 纤维素酶及果胶酶法提取紫薯花色苷的工艺优化. 食品科技,2015,40(4):277-281.

郑红岩,于华忠,刘建兰,等. 大孔吸附树脂对蓝莓花色苷的分离工艺. 林产化学与工业,2014,34(4):59-65.

钟瑞敏. 葡萄花色苷优化提取和纯化工艺研究. 韶关大学学报,1995,12(8):113-120.

周萍,刘鹏展,李好,等. 桑葚果渣花色苷的低共熔溶剂提取与分离. 精细化工,2021,38(2):350-357.

Buran TJ,Sandhu AK,Li Z,et al. Adsorption/desorption characteristics and separation of anthocyanins and polyphenols from blueberries using macroporous adsorbent resins. Journal of Food Engineering,2014,128:167-173.

Cerezo AB,Cuevas R,Winterhalter R,et al. Isolation, identification, and antioxidant activity of anthocyanin compounds in Camarosa strawberry. Food Chemistry,2010,123(3):574-582.

Chandrasekhar J,Raghavarao KSMS. Separation and concentration of anthocyanins from Jamun:An integrated process. Chemical Engineering Communications,2015,202(10):1368-1379.

Clifford MN. Review anthocyanins-nature, occurrence and dietary burden. Journal of the Science of Food and Agriculture,2000(80):1063-1072.

Corrales M,Fernandez A,Butz P,et al. Extraction of anthocyanins from grapeskin assisted by high hydrostatic pressure. Journal of Food Engineering,2008,90(4):415-421.

Dangles O,Saito N,Brouillard R. Kinetic and thermodynamic control of flavylium hydration in the pelargonidin cinnamic acid complexation. Origin of the extraordinary flower color diversity of pH arbitisnil. J Am Chem Soc,1993,115: 3125-3132.

Fuleki T, Francis FJ. Quantitative methods for anthocyanins: 1. extraction and determination of total anthocyanin in cranberries. Journal of Food Science, 1968,33(1):72-77.

He SD, Lou QY, Shi IJ, et al. Water extraction of anthocyanins from black rice and purification using membrane separation and resin adsorption. Journal of Food Processing & Preservation,2017,41(4)e13091.

Jiao GL, Azadeh KP. Extraction of anthocyanins from haskap berry pulp using supercritical carbon dioxide: Influence of co-solvent composition and pretreatment. LWT-Food Science and Technology,2018,98:237-244.

Lee J, Durst RW, Wrolstad RE. Determination of total monomeric anthocyanin pigment content of fruit Juices, beverages, natural colorants, and wines by the pH differential method:collaborative study. AOAC,2005,88(5): 1269-1278.

Luque-Rodriguez JM, de Castro MDL, Perez-Juan P, et al. Dynamic superheated liquid extraction of anthocyanins and other phenolics from redgrape skins of wine making residues. Bioresouce Technology,2007,98:2705-2713.

Puertolas E, Cregenzan O, Luengo E, et al. pulsed-electric-field-assisted extraction of anthocyanins from purple-fleshed potato. Food Chemistry,2013,136 (3-4):1330-1336.

Qin GW, Han H, Ding XW, et al. Optimization of extracting technology of anthocyanins from blue berry pomace by supercritical carbondioxide. Applied Chemical Industry, 2019,48(1):109-112.

Tian Y, Liimatainen J, Puganen A, et al. Sephadex LH-20 fractionation and bioactivities of phenolic compounds from extracts of Finnish berry plants. Food Research International,2018,113:115-130.

Wang E, Yin Y, Xu C, et al. Isolation of high-purity anthocyanin mixtures and monomers from blueberries using combined chromatographic techniques. Journal of chromatography A,2014,1327:39-48.

第3章 花色苷的稳定性

花色苷的稳定性受多种因子影响,了解植物花色苷的稳定性,有利于对其开展相关研究和应用。花色苷结构对其本身稳定性影响很大,通常其稳定性会随着 2-苯基苯并吡喃阳离子结构的羟基化而降低,而随着该结构的甲基化、糖苷化及酰基化而提高。除此之外,花色苷的稳定性还与一些理化因子(如光、温度、pH、金属离子、二氧化硫、酶、氧化剂、抗坏血酸、糖及其降解产物等)有关。不同植物物种或同一物种的不同品种间所含的花色苷稳定性存在一定差异。不同品种间花色苷稳定性的差异可能与不同品种所含花色苷的种类及花色苷的含量有关。

3.1 影响花色苷稳定性的因素

3.1.1 物理因素

1. 光照

光对花色苷的影响包括两方面:一方面,光是花色苷生物合成的重要环境因子,可以诱导光调节酶的活性,促进花色苷积累,花色苷合成需要适当的光照度,杧果和白桦幼苗等在强光诱导下花色苷含量显著增高(Velu 等,2016 和 Yang 等,2017),但对于杜鹃红山茶花、紫白菜等植物,高光照和低光照均不利于其花瓣中花色苷的积累(汪越等,2016 和 Zhu 等,2017)。在不同光质下,花色苷的积累量不同。番茄幼苗在黑暗环境中不合成花色苷,在单色红光或蓝光照射下,随光源光照度增加,其体内花色苷积累量增加,且单红光的促进作用显著优于单蓝光(贾真真等,2018);草莓经单色红光和蓝光处理后其花色苷的积累均显著增加(Zhang 等,2018)。另一方面,光照会促使花色苷降解,在光照下花色苷分子结构上的酰基容易脱落,且光照容易增强 2、4 位 C 原子的活性,增加花色苷发色团受水亲核攻击的机会,并可能引起其他降解反应使花色苷稳定性降低(李恩惠等,2018)。张珍珍等(2020)研究表明,在恰当的生长时期选取合适的遮光方式,可使葡萄果皮积累更多的花色苷,这主要是由于成熟期遮光可促进果皮中花色苷的甲基化和酰基化修饰的累积。

2. 温度

温度显著影响花色苷的稳定性。温度越高、作用时间越长,花色苷降解越快。花色苷在温度过高时,会发生水解或去糖基化开环反应,从而形成无色查耳酮或其同分异构体 α-二酮,然后继续降解为酚酸和醛类物质。高温可以为花色苷降解提供更多能量,从而加速活化络合物的形成进程,缩短达到能量屏障所需的时间(Mercali 等,2015)。低温可通过上调花色苷合成途径中相关基因的表达,从而促进花色苷的积累。如富士苹果在低温处理下其果实类黄酮-3-O-葡萄糖基转移酶(3GT)酶活性明显增强,花色苷含量显著高于对照组(段瑛,2016)。红美丽李果实经高温处理后,苯丙氨酸解氨酶(PAL)、查尔酮合成酶(CHS)、二氢黄酮醇 4-还原酶(DFR)及花青素合成酶(ANS)等的酶活性明显增强,但在处理第 9 天后,约有 16.5% 的花色苷发生由高温直接导致的化学降解,超过 60.0% 的花色苷发生由过氧化氢介导的生理性降解(牛俊萍,2015)。因此,适当高温下,花色苷合成和降解能力都增强,而植物体中花色苷的最终含量取决于其合成与降解之间的平衡。

3. 其他

压力和温度对花色苷的降解具有协同作用,与常温高压技术相比,若高压加工温度达 50 ℃ 及以上则会增加花色苷的降解率。超声、脉冲电场也能促使花色苷的降解,Sun 等(2016)研究表明,随着超声时间和功率的增加,天竺葵色素-3-O-葡萄糖苷提取液的抗氧化活性降低。Wu 等(2018)研究发现,虽然用脉冲电场对蓝莓花色苷进行预处理也会导致花色苷的降解,但与直接加热预处理蓝莓花色苷相比,其降解率会小很多。

3.1.2　化学因素

1. pH

pH 的变化会使花色苷的结构改变(图 3-1)。当 pH<3.0 时,主要以稳定的红色黄烊盐(flavylium)正离子 AH⁺ 形式存在;当 pH 为 3.0～6.0 时,主要以无色的假碱(B)和查尔酮(C)类化合物形式存在;当 pH 为中性或弱酸性时,主要以紫色的中性醌型碱形式存在;而当 pH 为微碱性时,则以蓝色的离子化醌型碱形式存在。因此,花色苷在酸性条件下比较稳定,在中性或碱性条件下易降解。Iliopoulou 等(2015)研究表明,虽然所有花色苷化合物在酸性条件下的热稳定性都较高,但是酰基化和非酰基化组分的相对稳定性取决于 pH,在低 pH 下,酰基化的化合物比未酰基化的化合物更稳定,但是在更高的 pH 下情况相反。在同一酸度条件下不同结构的花色苷的稳定性也会产生差异。

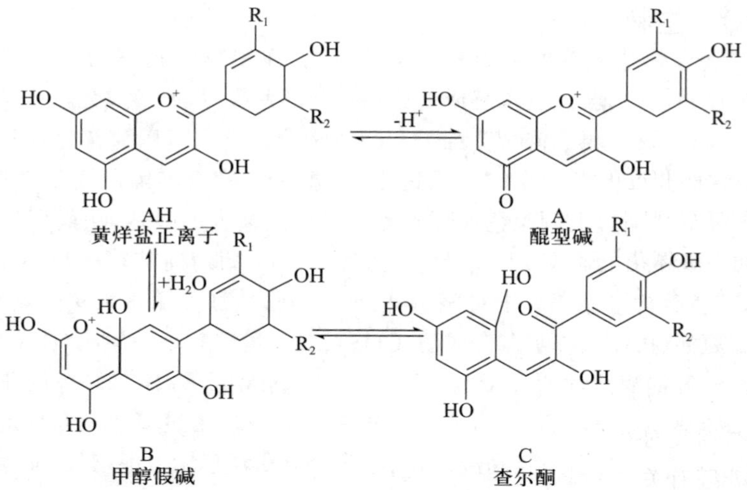

图 3-1　花色苷在溶液中的结构变化

2. 氧气与抗氧化剂

Zhou 等(2017)运用不同干燥方法处理桑葚果时发现,在相同温度下,真空干燥处理组的矢车菊色素-3-O-葡萄糖苷和矢车菊色素-3-O-芸香糖苷的保留率均高于热风干燥组,表明低氧环境有助于减轻花色苷的热降解,隔氧提取可提高花色苷提取率。Li 等(2014)研究表明,添加高浓度抗坏血酸(360 mg/L)的紫甘薯花色苷的热降解率比添加低浓度(120 mg/L)的更高,推测抗坏血酸的热降解产物的产生会导致花色苷降解率增高。抗坏血酸会显著降低花色苷在空气或氮气中的热稳定性。抗氧化剂如绿原酸、芥子酸可以延迟抗坏血酸向脱氢抗坏血酸转化,因此可提高花色苷在抗坏血酸存在下的光、热稳定性;而另一些抗氧化剂(如单宁酸、异槲皮苷、肉豆蔻精类)对提高花色苷稳定性的效果不大。

3. 金属离子

金属离子对花色苷的作用体现在辅色效果与稳定作用两个方面。Mg^{2+}、Mn^{2+}、Cu^{2+}可与花色苷发生螯合作用,对花色苷起到一定的辅色作用。但是同一金属离子对不同结构组成的花色苷稳定作用有时并不一致。陈凌等(2019)对马齿苋花色苷的研究表示,Mg^{2+}、K^+对马齿苋花色苷影响较小,而 Cu^{2+}、Fe^{3+}对马齿苋花色苷有明显的破坏作用。周丹蓉等(2019)研究表明高浓度的 K^+ 和低浓度的 Fe^{3+} 可增强芙蓉李花色苷的稳定性,Al^{3+} 则使花色苷的稳定性下降。

3.1.3　生物分子因素

1. 蛋白质类

花色苷的生物降解多与植物中的糖苷酶、多酚氧化酶和过氧化物酶有关,花色苷可通过多酚氧化酶和过氧化物酶直接或间接作用被氧化,也可通过糖苷酶去糖基化而自发地脱色和降解。Lang 等(2014)的研究表示,牛血清蛋白(bovine serum albumin,BSA)具有抑制而不破坏花色苷清除自由基的能力,添加 BSA 能对花色苷光降解发挥保护作用。L-苯丙氨酸、L-酪氨酸、L-色氨酸和 ε-聚赖氨酸均能使花色苷的颜色稳定性延长,其中 L-色氨酸的加入对花色苷的稳定性影响最为显著。

2. 糖类与酚酸

不同的糖类对花色苷的稳定性具有不同的影响,并且降解程度主要与糖类的降解产物糖醛有关。甘露醇和木糖醇对马齿苋花色苷的辅色效应均会随其浓度的改变而改变,甘露醇对马齿苋花色苷的减色作用随浓度增加而增强;木糖醇浓度越高其增色能力越强,达峰值后增色作用减弱(陈凌等,2019)。蔗糖对花色苷的光、热稳定性几乎没有影响或影响很小,但有抗坏血酸存在时,蔗糖可导致花色苷降解且呈现正相关趋势。

3.2　分子修饰

分子修饰技术是通过改变花色苷分子的结构,如酰基化、醚化和酯化等提高花色苷分子稳定性的技术手段。花色苷稳定性与其自身结构特征有关,花色苷结构中含有不饱和双键和易氧化的基团,性质极不稳定,2-苯基苯并吡喃阳离子母核上结合羟基、甲氧基、糖基、酰基的位置、数目及类型不同也会影响花色苷的稳定性。一般甲氧基化、糖基化、酰基化程度高的花色苷较为稳定,酰基化花色苷比非酰基化花色苷更稳定,双酰基和双糖基化形式的花色苷在储存过程中比其他花色苷更稳定。而羟基化在一定程度上会导致花色苷不稳定,但 C3 或 C5 位置羟基化可增强花色苷的稳定性。除此之外,将花色苷酯基化或形成吡喃类衍生物也能提高花色苷的稳定性。

3.2.1　酰基修饰

酰基修饰就是在花色苷分子上接以不同酰基配体,从而获得种类多样的酰化花色苷。花色苷母核结构上糖苷基团上的羟基通常能与一个或多个苹果酸、咖啡酸、香豆酸、脂肪酸、对羟基苯甲酸和阿魏酸反应形成单酰、二酰或多酰花色苷。酰基修饰可提高花色苷稳定性和抗氧化性,能较好地保持花色苷本身的颜色。Cevallos-Casals 等(2004)研究表明,紫甘薯因含有丰富的酰基化花色苷,其稳定性要好于非酰基化的紫玉米花色苷。酰基数量对花色苷稳定性有影响,三酰基化花色苷比双酰基化花色苷稳定,双酰基化花色苷又比单酰基化花色苷稳定。单酰基化花色苷仅有一侧能防止亲核基团的攻击,而双酰基化花色苷能将花色苷母核夹在两个有机酸中间,比单酰基化花色苷稳定。疏水作用力使花色苷母核和酰基平面芳香族残基形成了层状结构,较好地保护了夹在两个有机酸中间的花色苷母核,而单酰基化花色苷仅有一侧能防止亲核基团的攻击。非酰基化和单酰基化的花色苷 C2 位与 C4 位上易受到亲核试剂如高活性的氨基酸与碳亲核试剂的攻击,C4位上被甲基或者苯基取代的阳离子(AH$^+$)能增加该位置对亲核试剂的抵御效果。此外,有研究表明,有机酸分子中甲氧基和羟基数的增加会强化酰基化效果,如随着肉桂酸甲氧基和羟基的增加,对红树莓中矢车菊色素-3-葡萄糖苷的酰基化效果增强,含一个甲氧基的阿魏酸的酰基化效果比不含甲氧基的咖啡酸强(Sun 等,2016)。酰基化位置对花色苷的稳定性也有影响,如 C3 位上的酰基基团能自由旋转,允许分子折叠和分子内堆积,提高花色苷的稳定性。古明辉等(2017)利用苹果酸酰基化黑枸杞花色苷并考察其光、热稳定性,证明酰基化能提升花色苷的稳定性。李颖畅等(2012)通过酰基化反应转化蓝莓花色苷,通过紫外和红外光谱扫描证实酰基化成功,并且进行了光、热稳定性以及抗氧化实验。结果表明,酰化蓝莓花色苷的光、热稳定性较未酰基化样品显著提高。但是,酰化产物的清除羟基自由基和超氧自由基的能力较未转化样品均有一定的下降。

3.2.2　酯基修饰

花色苷通常亲脂性较差,不利于其在非水体系的溶解及活性的发挥。通过酯化,酸酐能与花色苷分子上的羟基连接形成酯键,提高花色苷稳定性。花色苷的酯化修饰不仅提高花色苷的稳定性,其酯化修饰的转化率要高于酰基化修饰。孙华铃等(2010)利用丁二酸酐对黑米中花色苷进行酯化,发现酯化后花色苷的辅色效果、稳定性和抗氧化性均比未酯化的花色苷好。张媛媛等(2012)通过对萝卜红色素进行乙酰水杨酸酯化修饰,得到的色素对 pH、温度和光的稳定性明显提高。

3.2.3　吡喃化修饰

花色苷的吡喃化修饰是指将普通花色苷与不饱和小分子物质通过环加合反应在花色苷的 C4 位与 C5 位的羟基之间形成新的吡喃环,生成相应的吡喃花色苷,主要有甲基吡喃花色苷、Vitisins 型吡喃花色苷、酚基吡喃花色苷、Portisins 型吡喃花色苷、黄烷醇-吡喃花色苷等(图 3-2)。吡喃花色苷的稳定性更强,但是合成时间较长。黄烷醇-吡喃花色苷在不同 pH 条件下或在二氧化硫存在的条件下均比原花色苷表现出更强的稳定性。吡喃环结构可使花色苷具有抵御水的亲核攻击的能力,在酸性及中性 pH 范围内具有良好的稳定性。吴闹(2016)将锦葵色素-3-O-葡萄糖苷(malvidin-3-O-glucoside,M3G)与丙酮酸反应,以形成的羧基吡喃花色苷作为原料,再经过微氧化形成吡喃酮型花色苷,具有非氧鎓离子和内酯型吡喃环结构,与原料相比,产物对结肠癌细胞(Caco-2)和人乳腺癌细胞(MCF-7)的增殖抑制率增强。另外,甲基吡喃花色苷、Portisins 型吡喃花色苷、Vitisins 型吡喃花色苷也具有同样的稳定性特点。

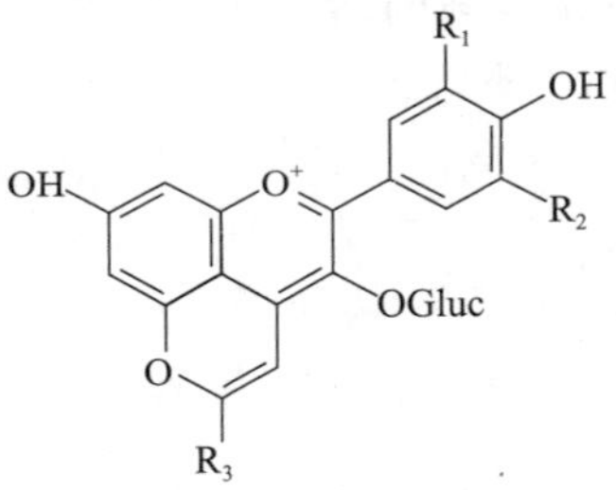

图 3-2　不同类型的吡喃花色苷

R_1=H/OH/OCH$_3$
R_2=H/OH/OCH$_3$
吡喃花色苷,R_3=H
甲基吡喃花色苷,R_3=CH$_3$
羧基吡喃花色苷,R_3=COOH
酚基吡喃花色苷,R_3=儿茶酚/愈创木酚/丁香醇基
黄烷醇-吡喃花色苷,R_3=儿茶素类/原花青素类

　　吡喃型花色苷多数在发酵的果酒中自然形成,其稳定性在醇溶液中较水溶液好,是陈酿果酒的主要呈色物质,合成时间较长,所以对于吡喃型花色苷的研究还有待进一步深入。

3.2.4　醚化

　　对花色苷进行醚化修饰也能提高花色苷的稳定性,但是其原理还有待深入研究,分析原因可能是因为在花色苷的分子上接技上新的基团保护了发色团,减少了酚羟基的不稳定性。通常用环氧丙烷或环氧乙烷对花色苷进行醚化修饰。

3.2.5　金属离子络合

　　钙、铜、锡、铁、铝等金属离子的络合也能增强花色苷的稳定性,但是在增色的同时,形成的金属-单宁络合物也可能导致花色苷的褪色。另外,在 B 环上含有邻位羟基的花色苷才能参与金属离子的络合。由于金属可能给食品带来污染,花色苷的金属络合在食品中应用较少,对其研究一般偏向于如何避免金属离子的破坏作用。不同金属离子对花色苷稳定性的影响各不相同,任二芳等(2014)添加一定量的金属离子作用于桑果花色苷原液,以花色苷保存率的大小分析其对桑果花色苷稳定性的影响,结果表明,Ca^{2+}对桑果花色苷的稳定性无显著影响,Zn^{2+}、Mn^{2+}对花色苷具有破坏作用,Fe^{2+}具有增色作用。李颖畅等(2012)研究了金属离子对蓝莓花色苷稳定性的影响,结果表明,Ca^{2+}、Cu^{2+}、Al^{3+}具有增色作用,Fe^{2+}、Fe^{3+}、Pb^{2+}对花色苷具有破坏作用,使花色苷的稳定性下降。

3.3　大分子负载

大分子负载是以天然大分子为基质,通过适宜的技术构建成载体,与花色苷以氢键、疏水作用、静电作用等次级键结合,实现对花色苷的高效负载。被广泛应用于花色苷负载的天然大分子主要有蛋白质、糖类、脂类等。

3.3.1　负载花色苷的天然大分子

1. 蛋白质负载

1)蛋白质对花色苷的作用机理

蛋白质是一种具有高级空间结构的聚集体,其多肽链中含有多种氨基酸。蛋白质来源十分广泛,价格又便宜,不仅具有食用安全性和高的生物相容性,营养价值还极高。蛋白质上的氨基酸残基可通过疏水、静电引力、范德华力、氢键等作用形成多种作用位点,与花色苷分子不同基团非共价结合,从而表现出较强的亲和性。蛋白质氨基酸残基上的羧基、氨基可与花色苷分子上的羟基形成氢键,酪氨酸、苯丙氨酸等残基上的苯环可与花色苷分子苯环形成疏水作用,而花色苷母核 2-苯基苯并吡喃阳离子可与氨基酸残基上的羧基等负电基团以静电作用力结合。另外,各基团如果足够靠近,均可形成范德华力,进而稳定花色苷结构。而且,蛋白质空间结构具有一定柔性,花色苷的加入使其结构发生变化,从而将花色苷分子固定在蛋白质特定的空间结构内,起到保护花色苷结构稳定而免受外界环境及加工条件影响的作用,还可能改善其生理活性(Lang 等,2014)。另外,蛋白质含有人体所需的多种氨基酸,在体内易被吸收,具有较高的营养价值,在保护花色苷结构稳定的同时还能补充机体所需氨基酸。由此可见,蛋白质因其氨基酸种类的多元化、广泛的来源、较高的营养价值和低廉的成本,成为花色苷载体首选基质之一。

2)蛋白质载体材料

用作载体材料的蛋白质分为植物源蛋白和动物源蛋白。植物源蛋白包括大豆分离蛋白、小麦蛋白、花生分离蛋白、黑豆蛋白等,动物源蛋白质主要为牛血清白蛋白、酪蛋白、乳清蛋白、乳白蛋白等。麦醇溶蛋白与矢车菊色素-3-O-葡萄糖苷以范德华力、氢键相结合,其结合位点更接近色氨酸残基附近;而麦谷蛋白与矢车菊色素-3-O-葡萄糖苷以疏水作用为主要结合力,其结合位点更接近酪氨酸残基附近,二者均形成了物质的量比约为 1:1 的静态复合产物;大豆分离蛋白与黑米花色苷通过疏水作用结合,且结合位点数接近,大豆分离蛋白中提取的 11S、7S 球蛋白与矢车菊色素-3-葡萄糖苷均以疏水作用结合。牛血清白蛋白与锦葵色素-3-半乳糖苷的主要作用力为静电引力;α-酪蛋白与氯化锦葵色素-3-O-葡萄糖苷结合作用以范德华力和氢键为主,结合过程放出热量且自发进行;而 β-酪蛋白与氯化锦葵色素-3-O-葡萄糖苷以疏水作用结合,结合过程自发进行但吸收热量(Gong,2020)。乳清蛋白、酪蛋白混合物可通过疏水作用力和氢键与紫薯花色苷相互作用形成复合物,并且酪蛋白与紫薯花色苷的亲和力较乳清蛋白强。

如表 3-1 所示,各类蛋白质与各类花色苷分子间的结合机理主要为静态结合,即形成稳定的非共价复合物。由于不同蛋白质具有不同的空间结构,不同来源蛋白质与同一花色苷分子的结合作用也会不同。蛋白质与花色苷的结合作用强弱不仅与蛋白质结构有关,还与花色苷结构有关,牛血清白蛋白与蓝莓花色苷通过静电作用结合,而其与黑米花色苷的结合作用为范德华力和氢键。花色苷更易于以疏水作用与植物源蛋白结合,与动物源蛋白的结合以范德华力和氢键为多。

表 3-1 蛋白质负载花色苷机理

花色苷种类	蛋白质种类	结合机制
矢车菊色素-3-O-葡萄糖苷	麦醇溶蛋白	疏水作用结合,结合位点更接近色氨酸残基附近
	麦谷蛋白	范德华力、氢键作用结合,结合位点更接近酪氨酸残基附近
矢车菊色素-3-葡萄糖苷	大豆分离蛋白 7S 蛋白	疏水作用
	大豆分离蛋白 11S 蛋白	疏水作用
氯化锦葵色素-3-O-葡萄糖苷	α-酪蛋白	范德华力、氢键
	β-酪蛋白	疏水作用
紫甘薯花色苷	酪蛋白	范德华力、氢键
	乳清蛋白	范德华力、氢键
蓝莓花色苷	牛血清白蛋白	静电作用
天竺葵色素-3-O-葡萄糖苷	人血清白蛋白	范德华力、氢键
矢车菊色素-3-O-葡萄糖苷		静电作用
飞燕草色素-3-O-葡萄糖苷		疏水作用

续表3-1

花色苷种类	蛋白质种类	结合机制
黑米花色苷	β-乳球蛋白	疏水作用
	酪蛋白	范德华力、氢键作用结合,结合位点更接近色氨酸残基附近
	牛血清白蛋白	范德华力、氢键
	大豆分离蛋白	疏水作用结合,结合位点更接近色氨酸残基附近

2. 多糖负载

1)多糖对花色苷的作用机理

多糖是由单糖通过糖苷键连接形成的一类天然大分子物质,多糖结构中存在的羟基可与花色苷分子通过氢键作用结合,羧基离子可与花色苷黄烊盐通过静电相互作用结合。此外,多糖的结构中有一个富含电子的π平面结构,多糖还可与花色苷母核结构中的苯环以疏水作用或π-π堆积结合,且二者间产生的氢键可以更好地稳定该堆积作用。多糖对花色苷的负载能力受到其结构和pH的影响,在不同pH条件下,多糖基质的净电荷以及电荷分布不同,且花色苷分子也呈现不同的电性,因此多糖与花色苷的结合机理也不同。Buchweitz等(2013)研究发现,在pH 3.0时,添加不同类型和来源的果胶对黑醋栗花色苷有不同的稳定效果,酰胺化低酯果胶效果最好,柑橘果胶的稳定效果比苹果、甜菜果胶好。Lin等(2016)将蓝莓果胶分成水溶性部分(WSF)、溶于螯合剂部分(CSF)和溶于碳酸钠部分(NSF),发现在pH 2.0～3.6时,CSF与花色苷有较强的结合能力,而在pH 3.6～4.5时则是NSF有较强的结合能力。在pH 5.0和加热条件下,阿拉伯胶能提高花色苷的热稳定性,可能是阿拉伯胶和花色苷发生疏水相互作用而形成复合物所致。因此,调节多糖基质的pH可以实现与花色苷分子通过不同作用力结合,从而实现多糖对花色苷分子的有效负载。

2)多糖载体材料

当前用作载体的多糖材料有果胶、卡拉胶、壳聚糖、羧甲基壳聚糖、海藻酸盐等。果胶是一类广泛存在于植物细胞壁的初生壁和细胞中间片层中的杂多糖,果胶作用于花色苷时,基于两分子间氢键和静电作用力的非共价结合机制提高了花色苷的稳定性(Jeewon等,2020)。卡拉胶具有带负电荷的磺酸基团,可以与具有相反电荷的花色苷通过静电相互作用形成聚电解质复合物。壳聚糖是一种天然的高分子阳离子多糖,由天然甲壳素经碱性脱乙酰化而成,无毒并且具有生物相容性和生物降解性。羧甲基壳聚糖是负电荷多糖，更容易与带有正电荷的花色苷发生作用，花色苷的羟基也会与羧甲基壳聚糖的羧基和氨基发生作用。海藻酸盐也是一种常见的多糖类壁材，来源丰富、无毒、可生物降解，正电荷的花色苷和带负电荷的海藻酸钠的羧基之间存在静电相互作用，同时花色苷上的羟基氢原子可以通过氢键与海藻酸钠上的氧原子成键，使得花色苷和海藻酸钠形成络合物。

麦日艳古·亚生等（2021）在研究黄原胶、果胶、羧甲基纤维素钠（CMC）、海藻酸钠、壳聚糖等 5 种常用胶体对黑莓果汁在储藏期内稳定性的影响时发现，加入一定浓度胶体可以减缓黑莓果汁花色苷的降解。蓝莓果胶对花色苷负载受 pH 影响较大，当 pH 为 3.0 时，蓝莓果胶对花色苷的负载率最高。

3. 脂质对花色苷的负载

脂类物质是脂肪酸和醇组成的天然大分子及其衍生物的总称，是人体需要的重要营养素之一。脂类物质经过适宜的构建后，对花色苷的负载不仅可以提高花色苷稳定性，还可在其疏水空腔中同时结合疏水性物质，实现亲水分子和疏水分子的同时负载，进一步提升花色苷的稳定性及生理活性。负载花色苷常用的脂质有卵磷脂、胆固醇等，花色苷和磷脂的磷酸基团之间存在静电相互作用，同时花色苷和磷脂之间的羟基形成氢键，通过将脂质构建成脂质体，实现对花色苷的负载。Quan 等（2020）利用磷脂酰胆碱和胆固醇制备了花色苷脂质体，并且以总抗氧化能力和丙二醛含量为指标评价花色苷脂质体的抗氧化活性，结果表明，花色苷脂质体能明显提高总抗氧化能力。王子敏等（2020）将制备的原花青素-维生素 E 复合前体脂质体进行了稳定性实验，研究发现，将 50 mL 原花青素-维生素 E 复合前体脂质体与浓度为 1 g/L 的原花青素溶液在室温条件下保存 35 d、60 d 后，复合物中原花青素保留率比未负载原花青素高 30.3%、15.5%。

3.3.2　大分子负载体系及其构建技术

大分子负载体系是指将大分子经过物理或化学的方法使花色苷与大分子基质相互作用，形成复合物，进而通过干燥、凝胶化、微胶囊化、乳化等手段形成的终产物，可以保护花色苷结构稳定，有效避免花色苷因热、氧化、光等因素引起的降解，同时还可对其进行缓释，提高生物利用率。常见的负载体系有乳液、微胶囊、脂质体、凝胶等。不同体系构建方法不同，负载能力也有所不同（表 3-2）。

表 3-2 不同负载体系及构建方法

花色苷	载体	载体类型	方法	影响因素
黑米花青素	大豆分离蛋白	乳液	16 000 r/min 均质分散 2 min	pH；干燥工艺
	明胶-阿拉伯胶	微胶囊	（明胶、阿拉伯胶 5：1）混合，喷雾/冷冻干燥	
	壳聚糖-羧甲基纤维素	微胶囊	壳聚糖、羧甲基纤维素（1：1）混合，与黑米花色苷溶液混合处理，喷雾/冷冻干燥	
葡萄皮花色苷	酪蛋白	乳液	葡萄皮提取物逐滴加入油相，10 000 r/min 均质 10 min 制备 W1/O 初乳；初乳加入酪蛋白酸钠溶液中，6 000 r/min 均质 5 min；在 50 MPa 压力下通过微流化器制得 W1/O/W2 复乳	
原花青素	变性淀粉、阿拉伯胶、蔗糖	微胶囊	原花青素溶液与阿拉伯胶、β-环糊精均匀混合，加入卵磷脂、番茄红素后胶体磨剪切处理 3 次，160 MPa 高压纳米均质处理 1 次，得到原花青素乳液；190 ℃ 喷雾干燥	壁材成分、配比；壁材与芯材配比
	大豆卵磷脂、胆固醇	脂质体	超声 5 min，旋转蒸干溶剂成膜，加入磷酸缓冲液充分混合，过 0.45 μm 滤膜	卵磷脂与胆固醇配比；原花青素与卵磷脂配比
	壳聚糖	凝胶	原花青素多重乳液与壳聚糖水凝胶混合；所得溶液滴加至三聚磷酸钠交联剂中交联 20 min	壳聚糖与原花青素配比；交联剂浓度及用量
紫苏花色苷	麦芽糊精、阿拉伯胶	微胶囊	麦芽糊精与阿拉伯胶溶解后加入紫苏花色苷粉末，超声 5 min；调节溶液 pH 2.0，倒入培养皿，厚度 5 mm，冷冻干燥 24 h，研磨后过 25 目筛	壁材与芯材配比
矢车菊色素-3-葡萄糖苷	卵磷脂、胆固醇	脂质体	卵磷脂、胆固醇中加入乙醇溶液，溶解后 40 ℃ 旋转蒸发，形成一层致密薄膜；与矢车菊色素-3-葡萄糖苷溶液混合，40 ℃ 水化反应 30 min，超声 2 min，过 0.22 μm 滤膜	卵磷脂与胆固醇配比

续表3-2

花色苷	载体	载体类型	方法	影响因素
紫薯花色苷	橘皮果胶	凝胶	溶解紫薯花色苷,4 000 r/min 下离心 10 min;果胶与紫薯花色苷混合溶液室温下滴入不同浓度氯化钙溶液中,移至去离子水中搅拌清洗 4 min	钠配比、氯化钙浓度

3.4 小分子辅色

研究发现,通过模拟花色苷存在于植物组织内的自然生化条件可以稳定花色苷,这就是辅色稳定。花色苷与辅色素的主要作用机制是分子间或分子内部通过氢键、络合、共价结合等作用,阻止发色母核基团的水化转换,实现花色苷的稳态化,增大其辅色作用强度。

3.4.1 辅色素

天然辅色素是存在于植物细胞中的无色或颜色很浅(主要是浅黄色)物质。目前报道具有辅色作用的物质有酚类化合物、生物碱、金属离子和有机酸等。Xu 等(2015)研究表明,相比于其他常用的辅色素 EGCG 茶多酚等,添加槲皮素更有效地改善了葡萄皮花色苷的光、热稳定性,而且槲皮素和花色苷的最佳比例与体系的pH 有关,pH 为 3.0,4.0,5.0 时的最佳配比分别为 1:10,1:5,1:1。Chung 等(2016)研究了 3 种氨基酸(L-苯丙氨酸、L-酪氨酸、L-色氨酸)和一种多肽(多聚-L-赖氨酸)在 pH 3.0 和 40℃条件下储存 7 d 对紫色胡萝卜花色苷颜色稳定性的影响,结果显示 L-赖氨酸的添加效果最显著,并且荧光猝灭研究显示 L-赖氨酸和花色苷的结合是通过氢键和疏水相互作用。Stebbins 等(2017)在 40 ℃加速试验中,发现谷胱甘肽可延长黑莓花色苷的降解时间,有明显的保护效果。香豆酸、咖啡酸、阿魏酸、没食子酸和鞣花酸等都是相对较好的辅色因子。

3.4.2 辅色类型

分子辅色技术源于植物花色苷在自然生化条件下的稳定呈色机制,是改善并稳定含花色苷食品颜色的一种安全且行之有效的方法。辅色作用分为 4 种类型:分子内辅色、分子间辅色、金属离子络合和自聚作用。辅色现象是花色苷类物质特有的,在其他多酚类物质中未发现。

1. 分子内辅色

花色苷因分子内基团相互作用而引发的颜色变化称为分子内辅色作用,主要是通过分子内部不同基团的旋转、折叠和堆积等空间结构的转换,在花色苷母核阳离子周围形成"保护层",使易发生亲核反应的 C2 和 C4 的活性受到阻碍,防止发色基团因受水分子的亲核攻击和其他降解反应而失色。分子内辅色作用的主要位点包括酰基化、糖基化和甲基化结构。其中,酰基化结构的分子内辅色是花色苷母核上的羟基及糖苷基上的羟基在酶的催化作用下与芳香酸或脂肪酸发生酰基化反应形成酰基化花色苷,酰基化花色苷通常高度稳定。糖基化结构的分子内辅色是花色苷经糖基化后,糖分子中大量的羟基易与溶液中的水分子形成氢键,改善其水溶性,同时在弱酸性和中性环境中表现出更好的稳定性。甲基化结构分子内辅色的原理是通过增加水化反应的活化能,使其相对稳定性得到提高。

从热力学观点看,分子内辅色由于不需要将最初分散在溶液中的分子聚合而具有熵优势,因而比分子间辅色更容易发生。当分子内辅色发生时,分子间辅色很少或几乎不发生。

2. 分子间辅色

分子间辅色是花色苷与辅色素之间产生作用,辅色素共价结合到花色苷骨架上,形成夹心式堆积,防止水的亲核攻击。迄今为止发现的辅色素包括单宁、多酚、有机酸、核苷酸、多糖、金属离子、生物碱、香豆素、肉桂酸衍生物、氨基酸和类黄酮及花色苷自身等。它们的共有分子结构特征是拥有一个富含电子的 π 平面结构。相同温度和 pH 下,花色苷浓度越大分子间共色作用越明显,辅色素与花色苷摩尔比越大共色效应越大。

有机酸会产生显著的辅色效果,且多种有机酸对花色苷具有协同辅色作用,可以显著提高花色苷的热稳定性并延迟花色苷的分解。楼乐燕等(2019)研究不同有机酸对杨梅花色苷辅色后的稳定化效果发现,经辅助着色后,杨梅花色苷的颜色和热稳定性得到明显改善。Chung 等(2016)研究表明,绿茶提取物可与花色苷通过疏水作用,使花色苷半衰期由 2.9 d 提高到 6.7 d。

3. 金属离子络合

能与金属离子发生络合反应的花色苷,其共同的分子结构是 B 环上含有一个以上的自由羟基。金属离子与花色苷络合后可能产生"增色"或"褪色"效应,具体取决于溶液体系中金属离子和花色苷的种类、比例、浓度、pH 和其他辅色素等因素。易与花色苷络合的金属离子包括 Fe^{2+}、Fe^{3+}、Cu^{2+}、Mg^{2+}、K^+、Na^+、Ca^{2+} 和 Al^{3+} 等。

同种金属离子与不同的花色苷,或者同种花色苷与不同的金属离子络合对于花色苷的稳定性和呈色都会带来极其复杂的影响。通过观察金属离子对葡萄皮花色苷的辅色作用,发现各种离子的增色效果强弱顺序为 $Al^{3+}>Cu^{2+}>Zn^{2+}/Ca^{2+}>Mg^{2+}/Mn^{2+}/K^+$,其中 Zn^{2+} 和 Ca^{2+} 增色作用存在量效关系,Fe^{3+} 的添加导致花色苷形成黑色沉淀(任玉林等,1995)。分析金属离子对蓝莓花色苷的影响,发现酸性条件下 Ca^{2+}、Cu^{2+}、Al^{3+} 具有增色作用,对花色苷的稳定性无显著影响;高浓度 Na^+、Zn^{2+}、Mn^{2+} 具有增色和提高花色苷的稳定性的双重作用;Fe^{2+}、Fe^{3+} 和 Pb^{2+} 对花色苷具有破坏作用,且导致溶液生成白色沉淀;K^+ 对蓝莓花色苷稳定性无显著影响(李颖畅等,2012)。

4. 自聚作用

花色苷分子浓度达到一定程度时发生单体花色苷的自聚作用,是通过芳香族的发色团和结合的糖分子间氢键的堆叠作用的精密配合实现的。Fernandes 等(2015)利用核磁共振技术研究了锦葵色素-3-O-(6-香豆酸葡萄糖苷)和锦葵色素-3-O-葡萄糖苷在 pH 1.0 条件下的自聚行为,发现锦葵色素-3-O-(6-香豆酸葡萄糖苷)分子中的香豆酸基团折叠在锦葵色素发色团上,形成疏水 π 键的堆积,进而产生增色效应,同时还发现锦葵色素-3-O-(6-香豆酸葡萄糖苷)与锦葵色素-3-O-葡萄糖苷相比,显示出更强的自聚能力。Gonzalez-Manzano 等(2008)率先在模式酒中确证了锦葵色素-3-葡萄糖苷、飞燕草色素-3-葡萄糖苷和芍药色素-3-葡萄糖苷的自聚行为,发现 B 环的甲基化程度与花色苷自聚程度成正比,当花色苷的浓度在 50~600 mg/L 时,依据其种类和浓度的不同,对模式酒 520 nm 处吸光度的贡献率为 8%~60%。Limsitthichaikoon 等(2015)利用富含矢车菊色素的紫玉米提取物和富含飞燕草色素的蝶豆提取物与姜黄素、咖啡酸、胡椒碱、安息香醛和锌离子等辅色素按不同比例混合后制备成 4 种花色苷混合物,结果发现 4 种花色苷混合物的最大吸收波长都发生了"红移",且增色效应与辅色分子的添加比例呈正相关,包含所有辅色素的组合处理的增色效应及色素的稳定性都是最好的。

参考文献

陈凌,骆卢佳,曹巧巧,等. 马齿苋花色苷的稳定性分析. 现代食品科技,2019(1):227-232.

段瑛. 夜间低温对富士苹果果皮花色苷代谢的调控机制研究. 杨凌:西北农林科技大学,2016.

古明辉,陈虎,李希羽,等. 苹果酸酰化对黑果枸杞花青素稳定性改善的研究.

食品工业科技,2017,38(23):58-63.

贾真真,王春英,胡超,等. 不同光质对番茄幼苗花色素苷积累的影响. 黑龙江农业科学,2018(1):66-67.

李恩惠,矫馨瑶,王晨歌,等. 蓝莓花色苷降解动力学及稳定性. 食品科学,2018,39(5):1-7.

李颖畅,李冰心,孟良玉,等. 圣云蓝莓花色苷不同组分的体外抗氧化性和稳定性. 食品科学,2012,33(9):105-109.

楼乐燕,岳阳,尹培,等. 单宁酸和绿原酸对杨梅花色苷的辅色作用. 食品与发酵工业,2019,45(4):74-80.

麦日艳古·亚生,蒋耀英,刘小莉,等. 不同胶体对黑莓果汁花色苷稳定性的影响研究. 食品工业科技,2021,42(5):11-17,25.

牛俊萍. 高温对红美丽李果实花色苷代谢的影响. 杨凌:西北农林科技大学,2015.

任二芳,李昌宝,孙健,等. 金属离子和食品添加剂对桑果花色苷稳定性的影响. 南方农业学报,2014,1:98-103.

任玉林,李华,邴贵德,等. 天然食用色素花色苷. 食品科学,1995,16(7):22-27.

孙华铃. 黑米色素酯化修饰及稳定性研究. 天津:天津科技大学,2010.

汪越,易慧琳,刘楠,等. 光强和施肥对杜鹃红山茶成花品质的影响. 生态科学,2016,35(6):41-45.

王子敏,裴朝阳,孙仕杰,等. 前体脂质体法负载葡萄籽原花青素优化其抗氧化活性及稳定性. 沈阳药科大学学报,2020,37(10):878-883.

吴闹. 新型花色苷衍生物 Oxovitisin 的理化性质及生物活性研究. 武汉:武汉轻工大学,2016.

张媛媛,韦庆益,袁尔东,等. 萝卜红色素的酯化修饰及性质研究. 食品工业科技,2012,33(10):313-316.

张珍珍,李倩,董荣,等. 树体遮光处理对采收期的赤霞珠果实花色苷种类和含量的影响. 食品科学,2020,41(4):57-163.

周丹蓉,林炎娟,方智振,等. 理化因子对"芙蓉李"花色苷稳定性的影响. 热带作物学报,2019(2):275-280.

Buchweitz M, Speth M, Kammerer DR, et al. Impact of pectin type on the storage stability of black currant(*Ribes nigrum* L.) anthocyanins in pectic model solutions. Food Chemistry,2013,139(1-4):1168-1178.

Cevallos-Casals BA，Cisneros-Zevallos L. Stability of anthocyanin-based aqueous extracts of Andean purple corn and red-fleshed sweet potato compared to synthetic and natural colorants. Food Chemistry，2004，86(1)：69-77.

Chung C，Rojanasasithara T，Mutilangi W，et al. Stabilization of natural colors and nutraceuticals：Inhibition of anthocyanin degradation in model beverages using polyphenols. Food Chemistry，2016，212：596-603.

Fernandes A，Bras NF，Mateus N，et al. A study of anthocyanin self-association by NMR Spectroscopy. New Journal of Chemistry，2015，39，2602-2611.

Gong SX，Yang CY，Zhang JH，et al. Study on the interaction mechanism of purple potato anthocyanins with casein and whey protein. 2020，111(2)：106223.

Gonzalez-Manzano S，Santos-Buelga C，Duenas M，et al. Colour implications of self-association processes of wine anthocyanins. European Food Research and Technoolgy，2008，226(3)，483-490.

Iliopoulou I，Thaeron D，Baker A，et al. Analysis of the thermal degradation of the individual anthocyanin compounds of black carrot(*Daucus carota* L.)：A new approach using high-resolution proton nuclear magnetic resonance spectroscopy. J Agric Food Chem，2015，63(31)：7066-7073.

Jeewon K，Xu ZM，Louise W. Blueberry pectin and increased anthocyanins stability under *in vitro* digestion. Food Chemistry，2020，302：125343.

Lang YX，Li J，Song H，Dong N，et al. Degradation kinetics of anthocyanins from purple sweet potato(*Ipomoea batatas* L.)as affected by ascorbic acid. Food Sci Biotechnol，2014(23)：89-96.

Li J，Song H，Dong N，et al. Degradation kinetics of anthocyanins from purple sweet potato(*Ipomoea batatas* L.)as affected by ascorbic acid [J]. Food Sci Biotechnol，2014(23)：89-96.

Limsitthichaikoon S，Saodaeng K，Priprem A，et al. Anthocyanin complex：characterization and cytotoxicity studies. International Journal of Biological，Food，Veterinary and Agricultural Engineering，2015，9(2)：147-153.

Lin ZS，Fischer J，Wicker L，et al. Intermolecular binding of blueberry pectin-rich fractions and anthocyanin. Food chemistry，2016，194：986-993.

Mercali GD，Gurak PD，Schmitz F，et al. Evaluation of nonthermal effects of electricity on anthocyanin degradation during ohmicheating of jaboticaba (*Myrciaria cauliflora*)juice. Food chemistry，2015，171：200-220.

Quan Z, Guan RF, Huang HZ, et al. Antioxidant activity and absorption of cyanidin-3-O-glucoside liposomes in GES-1 cells in vitro. Bioscience, Biotechnology, and Biochemistry, 2020, 84(6): 1239-1249.

Stebbins NB, Howard LR, Prior RL, et al. Stabilization of anthocyanins in blackberry juice by glutathione fortification. Food & Function, 2017, 8(10): 3459-3468.

Sun J, Mei Z, Tang Y, et al. Stability antioxidant capacity and degradation kinetics of pelargonidin-3-glucoside exposed to ultrasound power at low temperature. Molecules, 2016, 21(9): 1031-1035.

Velu S, Oleg F, Sonia D, et al. Increased anthocyanin and flavonoids in mango fruit peel are associated with cold and pathogen resistance. Postharvest Biology and Technology, 2016, 111: 132-139.

Wu J, Jin TZ, Yu Y, et al. Biochemical degradation and physical migration of polyphenolic compounds in osmotic dehydrated blueberries with pulsed electric field and thermal pretreatments. Food Chemistry, 2018(15): 1219-1225.

Xu HG, Liu X, Yan QL, et al. A novel copigment of quercetagetin for stabilization of grape skin anthocyanins. Food Chemistry, 2015, 166: 50-55.

Yang L, Zhang D, Qiu S, et al. Effects of environmental factors on seedling growth and anthocyanin content in Betula 'Royal Frost' leaves. Journal of Forestry Research, 2017, (6): 45-53.

Zhang YT, Jiang LY, Li YL, et al. Effect of red and blue light on anthocyanin accumulation and differential gene expression in strawberry (Fragaria × ananassa). Molecules, 2018, 23(4): 820.

Zhou M, Chen Q, Bi J, et al. Degradation kinetics of cyanidin 3-O-glucoside and cyanidin 3-O-rutinoside during hot air and vacuum drying in mulberry(*Morus alba* L.)fruit: A comparative study based on solid food system. Food Chem, 2017(2): 574-579.

Zhu H, Li X, Zhai W, et al. Effects of low light on photosynthetic properties, antioxidant enzyme activity, and anthocyanin accumulation in purple pakchoi (*Brassica campestris* ssp. Chinensis Makino). Plos One, 2017, 12(6): e0179305.

第4章 花色苷的生物活性

花色苷有多种生物活性,具有抗氧化、降血脂、降血糖、降血压、抗癌、抑菌、改善记忆力及消炎等生理功能,因此花色苷在食品、化妆品和制药领域已有广泛的应用。

4.1 花色苷的抗氧化性

4.1.1 自由基与氧化损伤

英国学者 Denham Harman 1956 年首先提出了自由基学说,认为自由基攻击生命大分子导致机体发生衰老和病变,自由基可使细胞中的多种物质发生氧化,损害生物膜,从而造成组织细胞损伤,诱发癌症等恶性疾病。自由基主要指的是带有未成对电子的原子团,化学上也可以称为游离基,生物体中的自由基主要包括超氧阴离子自由基($O_2^{-\cdot}$)、羟基自由基($\cdot OH$)、有机过氧基(ROO^-)、过氧化氢(H_2O_2)、脂过氧化物($ROOH$)以及氮氧自由基(RNS)等。超氧阴离子自由基和羟基自由基能够与其距离较近的任何生物分子进行反应,是最活泼也最具有危害性的自由基,氧离子自由基的产生速率对许多物种的衰老有重要的影响,产出过快时,会导致人体正常组织和细胞的损坏,从而引起如心脏病、肿瘤等多种疾病。过氧化氢是极易产生羟基自由基的物质,紫外线($254\,nm$)照射过氧化氢可立即产生羟基自由基。

自由基引起脂质过氧化主要是自由基通过与膜上的酶以共价形式结合,与细胞膜及亚细胞器膜上的多聚不饱和脂肪酸反应,引起过氧化反应,导致膜成分的结构与活性均发生改变,膜流动性下降,膜脆性增加,细胞内外离子交换发生障碍,对细胞膜产生损伤(顾有方等,2005);自由基作用于红细胞膜后,形成脂质自由基之间的加成反应,使脂环内形成过氧化物。自由基使部分膜磷脂疏水区烃链的不饱和键转化为饱和键,氧化反应改变了细胞膜的整体结构,在分子水平上使 α 螺旋减少,β 折叠增加,C ═C 双键减少,使膜蛋白分子中的二硫键、巯基的比例增加(黄益民等,1997);自由基还会对生物体的大分子发起攻击,使蛋白质、核酸等大分子交联而破坏其结构,导致细胞转化和基因突变的发生,生物体产生系统性的紊乱。体内过多的自由基与许多疾病的发生有着密切的关系,如癌症、衰老、炎症、克山病、硒缺乏、贫血、心脑血管疾病,以及心、肺、皮肤等各种慢性疾病。机体维持健康需要自由基的产生能力和自由基清除能力达到一个平衡,因此自由基产生过多和清除自由基能力下降都可能分别或共同引起疾病的发生(Rouanet 等,2010),因此,自由基是威胁人类健康的可怕的隐形杀手。

4.1.2 抗氧化作用的机理

抗氧化物质常被定义为能延迟、防止或清除目标分子氧化应激损伤的物质。其抗氧化作用的本质是与自由基发生氧化还原反应,打破自由基链式反应。因此,抗氧化机理的实质是物质的还原能力。目前,基于化学反应的抗氧化机理一般可分为两类:氢原子转移机理和电子转移机理。氢原子转移机理是氢原子由抗氧化物质转移至自由基过程中,自由基由于得到氢原子,反应活性降低,而抗氧化物质本身则成为稳定的自由基;电子转移机理是抗氧化物质给出一个电子,自由基接受这个电子,而抗氧化物质本身转变为阳离子自由基。花色苷主要通过以上两种形式来减少生物体内的自由基产生,在氢原子转移机制中花色苷的酚羟基发生抽氢反应与有害自由基作用,变成较稳定的半醌式酚氧自由基,从而中止有害自由基的链式反应;电子转移机制中,抗氧化剂通过自身具有的还原性,直接将电子转移给自由基,从而消耗掉有害自由基,生成黄酮自由基阳离子。

4.1.3 抗氧化活性评价方法

花色苷抗氧化的途径主要有:①抑制自由基的产生或直接清除自由基。花色苷清除自由基的功能主要和其分子中的羟基有关,特别是 3 位或 3′、4′、5′位羟基有关;②激活抗氧化酶体系。通过激活过氧化物歧化酶、过氧化氢酶、谷胱甘肽过氧化物酶等来达到抗氧化效果。而抗氧化酶的重要生理功能也在于其对自由基的清除作用;③与诱导氧化的过度金属络合,可以直接降低低密度脂肪酸(LDL)的氧化程度,也可抑制芬顿(Fenton)反应起到抑制活氧自由基产生的作用。因此,一般都从评价其清除自由基能力、还原力、抑制脂质体过氧化能力、生物抗氧化效应等几个体系或动物试验来检测花色苷抗氧化性。

1. 羟基自由基清除法

1)脱氧核糖法

脱氧核糖法可以测定抗氧化物质抑制自由基形成的百分率来反映抗氧化能力,

也可以计算由羟基自由基诱导的反应速率常数来反映抗氧化能力。脱氧核糖和铁在乙二胺四乙酸(EDTA)存在的条件下会导致羟基自由基的形成,羟基自由基会引发芬顿反应。在酸性条件下加热,会产生丙二醛(MDA),而 1 分子的 MDA 与 2 分子的硫代巴比妥酸(TBA)会作用形成粉红色的色原体,该溶液在 532 nm 处有吸收。通过测定 MDA 的含量即脱氧核糖降解减少的量来评价体系的氧化程度。

2)邻二氮菲法

以 H_2O_2/Fe^{2+} 体系通过芬顿反应产生羟基自由基,羟基自由基将邻二氮菲-Fe^{2+} 水溶液氧化为邻二氮菲-Fe^{3+} 后,它在 515 nm 处吸收峰会明显降低,依据吸收峰强度变化可以间接反映出待测物质的抗氧化活性。

2. 超氧阴离子清除法

1)氮蓝四唑(NBT)法

超氧阴离子自由基氧化氮蓝四唑(NBT,nitro blue tetrazolium)时会发生明显的颜色变化,NBT 表现出还原性,如果待测物质具有清除超氧阴离子自由基的能力,就会降低 NBT 的还原强度,颜色变化程度将会减弱。

2)过硫酸铵/N,N,N′,N′-四甲基乙二胺(AP-TEMED 体系)法

过硫酸铵/N,N,N′,N′-四甲基乙二胺产生的 $O_2^-·$ 可采用分光光度法、化学发光法、脂质过氧化法、凝胶法、电子自旋共振(ESR)等方法测定。其中,凝胶法操作简便,不需要复杂的仪器就能够定性及相对定量地初步筛选抗氧化物质,因此具有方便、快捷等优势。

3)邻苯三酚法

在碱性条件下,邻苯三酚迅速自氧化产生超氧阴离子自由基,生成带颜色的中间产物,其含量可通过紫外可见分光光度计来测定。通过抗氧化剂对超氧阴离子自由基的清除作用间接评价抗氧化能力。但该法易受各种测定条件的影响,同一物质在不同条件下测定结果偏差较大。由于邻苯三酚法是在可见光范围内测定,因而避免了一些样品出现自身吸收的情况。此法重现性好,结果真实可靠。

3. 基于电子转移途经的自由基清除法

1)2,2′-联氮-二(3-乙基-苯并噻唑-6-磺酸)二铵盐(ABTS)法

2,2′-联氮-二(3-乙基-苯并噻唑-6-磺酸)二铵盐(ABTS,2,2′-azino-bis(3-ethylbenzthiazoline-6-sulfonicacid))法用于体外测定物质总抗氧化能力,最先由 Miller 等(1993)等开创。该法以 ABTS 为显色剂,经氧化后生成稳定的蓝绿色阳离子自由基 $ABTS^{+·}$,加入抗氧化剂后使反应体系褪色,然后在 734 nm 处检测吸

光度,观察吸光度的变化,最后与喹诺二甲基丙烯酸酯的对照标准体系比较,换算出被测物质总的抗氧化能力,结果多用喹诺二甲基丙烯酸酯的浓度表示被测物质的抗氧化能力。与抗氧化能力体内测定方法比较,ABTS法所花时间短,费用少,所需仪器设备简单,且与抗氧化剂的生物活性相关性强,因而较为广泛地应用于物质的抗氧化能力测定。但是 ABTS 法是用等效抗氧化容量分析法的值来表示待测样品与 ABTS$^+$ 反应的能力,并不是直接反映被检测物质的抗氧化活性,在使用此法时,应当结合其他多种方法来综合判断物质的抗氧化能力。

2)1,1-二苯基-2-三硝基苯肼法

1,1-二苯基-2-三硝基苯肼法(1,1-Diphenyl-2-picrylhydrazyl radical 2,2-Diphenyl-1-(2,4,6-trinitrophenyl)hydrazyl,DPPH)用于体外测定物质总抗氧化能力,是目前使用最为广泛的检测自由基清除能力的方法之一,此法比 ABTS 法更为敏感。DPPH·乙醇溶液呈紫色,在 517 nm 有强吸收,加入抗氧化剂后,抗氧化剂与 DPPH·反应,使反应体系颜色变淡,吸光度 A 值减少,由此计算抗氧化剂清除 DPPH·的能力。传统的 DPPH 法采用半抑制剂量 EC50 来比较抗氧化能力的大小,吴朝霞等(2008)对 DPPH 法进行改良,引入了时间参数 TEC50,以新参数自由基清除能力 AE 研究葡萄籽抗氧化能力差异,从而更加准确地衡量天然产物抗氧化能力的差异。DPPH 法操作简单,但是当被测物在 DPPH·紫外吸收处也有紫外吸收时,产生的重叠现象将会影响测定结果。而且 DPPH·是一种稳定的、以氮为中心的质子自由基,空间位阻可能会决定反应的倾向,小分子化合物更易接近自由基而拥有相对较高的抗氧化能力,而大分子化合物由于受空间位阻的影响不易接近自由基而影响测定结果,此外研究也表明该方法线性范围相对较窄。

3)铁离子还原抗氧化剂能力法

铁离子还原抗氧化剂能力(ferric reducing antioxidant power,FRAP)法是在低 pH 下,抗氧化剂能够将 Fe^{3+}-TPTZ 还原成 Fe^{2+}-TPTZ,Fe^{2+}-TPTZ 呈蓝色,在 593 nm 处有强吸收,结果以相对标准抗氧化剂的能力来表示。此法操作简单、快速、重复性好并且易于标准化,可用于测定植物提取液的抗氧化活性,也是一种被研究者提倡的检测天然产物抗氧化活性的方法。但此法真正测量的是被测物质将三价铁还原成二价铁的能力,是一种间接测定抗氧化活性的方法。因此,需与其他抗氧化活性测定方法结合使用。高月红等(2008)建立了微型 FRAP、DPPH 法,相比传统的方法来说,新型方法简便、快速、样品用量大大减少,并且对内源性与外源性抗氧化物质都显示出很好的灵敏度和专属性。

4)福林酚法

福林酚法(folin-ciocalte assay)本质上是一个氧化还原反应。该法省时、省力,适用于大量样品的分析。对于植物来源样品的测定简单而有效,但该方法容易受到糖、维生素 C 和有机酸等物质的干扰,通常与 ABTS、DPPH 和 ORAC 等抗氧化方法测定的结果有较好的相关性。

4. 基于 H 原子转移途径的自由基清除法

1)氧自由基吸收能力法

氧自由基吸收能力法(oxygen radical absorbance capacity,ORAC)现已被美国 AOAC 评定为抗氧化测试标准方法,是国际主流测试方法,Ou 等(2002)研究结果表明,ORAC 法的精密度和准确度具有良好的重现性,抗氧化剂浓度与曲线下面积也具有较好的线性关系。

2)化学发光法

化学发光法(photochemiluminescent,PCL)的检测原理为:反应体系产生的超氧自由基与自由基检测剂 3-氨基邻苯二甲酰肼反应发光,采用微弱发光仪记录发光值,如果有抗氧化剂存在,则发光时间推迟,从而建立以标样(如抗坏血酸)与发光延迟时间为坐标的标准曲线,抗氧化剂使发光延迟的时间用抗坏血酸当量表示。该方法可以有效测定抗氧化剂清除超氧自由基的能力。

3)β-胡萝卜素亚油酸体系

该法的原理为:在乳化体系中亚油酸自氧化产生自由基,使体系中的 β-胡萝卜素褪色,加入抗氧化剂能延迟褪色,记录反应体系随时间变化的吸光值,并用抑制率表示抗氧化剂的抗氧化能力。此法是直接抗氧化方法,用亚油酸自氧化模拟生物体内自由基的产生,只能用抑制率来表示抗氧化能力,试验可重复性较差。

4)低密度脂蛋白氧化法

于新鲜血样中分离低密度脂蛋白(low density lipoprotein,LDL),用 Cu^{2+} 或 2,2'-偶氮二(2-甲基丙基咪)二盐酸盐(AAPH,2,2'-Azobis(2-methylpropionamidine dihydrochloride)引发氧化反应,并在 234 nm 处测定共轭二烯或油脂过氧化物的含量。用 Cu^{2+} 引发氧化反应的 LDL 氧化法与 ORAC 法无良好的相关性,用 AAPH 引发氧化反应的 LDL 氧化法与 ORAC 法有良好的相关性。

5)总自由基清除抗氧化能力法

总自由基清除抗氧化能力法(total peroxyl radical-trapping antioxidant parameter,TRAP)测定抗氧化剂的抗氧化能力,最终结果用喹诺二甲基丙烯酸酯当量表示。此法操作简单,缺点是具有绝对性,该法假定任何抗氧化剂的滞后时间均与其抗氧化活性呈线性关系,但对反应终点没有统一规定,因此在不同的操作环境下不具有可比性。

6) N,N-二甲基-对苯二胺法

N,N-二甲基-对苯二胺法（N,N-Dimethyl-p-phenylenediamine，DMPD）检测物质对自由基的清除作用，是近年来发展起来的一种用来测定天然产物潜在抗氧化活性的方法。酸性条件下，DMPD 可被 ABAP、$FeCl_3$、$CuCl_2$ 氧化生成稳定有颜色的 $DMPD^{+\cdot}$ 自由基，在 505 nm 处有最大吸收峰，当加入抗氧化剂时溶液脱色，脱色程度越强说明样品的抗氧化能力越强。DMPD 法简单、迅速、稳定、容易操作且成本低，此方法可广泛用于测定多种样品的抗氧化能力并比较不同抗氧化剂在同一体系中清除自由基的活性。

5. 抑制自由基产生能力活性测定方法

1) 络合金属离子检测方法

体内过渡金属离子是自由基的另一重要来源。过渡金属离子通常含有未配对电子，可催化自由基的形成。如铜离子和锌离子能通过芬顿反应催化 H_2O_2 生成羟基自由基，某些抗氧化剂能够络合游离的金属离子，减少羟基自由基的产生。抗氧化剂具有络合金属离子的能力，避免发生芬顿反应产生自由基。加入菲洛嗪指示剂后，未被络合的铁离子将会与其形成显色团，在 562 nm 处有强吸收，间接反映出抗氧化物质的抗氧化活性（王晓宇，2012）。于海宁等（2003）在研究铜离子与儿茶素的相互作用的实验中发现铜离子具有提高儿茶素的抗氧化活性的能力。铜离子可与儿茶素形成络合物。钼能被抗氧化剂还原生成绿色的钼络合物并在 695 nm 处有最大吸收，陈全斌等（2006）采用磷钼络合物法研究了罗汉果叶总黄酮提取物的抗氧化能力。

2) 硫代巴比妥酸法

硫代巴比妥酸法（thiobarbituric acid reactive substances，TBARS）是基于不饱和脂肪酸通过自由基反应形成氧化自由基而氧化生成环氧化合物，环氧化合物分解生成丙二醛（MDA），MDA 能与硫代巴比妥酸作用生成有色物质并在 530 nm 左右有吸收。油脂的氧化程度可通过测定 MDA 的量来反应。如果在油脂系统中存在抗氧化剂，则 MDA 的产生受到抑制，MDA 的抑制程度间接反映了物质的抗氧化活性。MDA 与硫代巴比妥酸（TBA）作用生成 TBA 染料配合物，所以 TBA 染料配合物形成量是衡量自由基链氧化反应进行程度的标志。

6. 基于细胞水平的体外抗氧化评价方法

目前，常见的基于细胞学水平的体外抗氧化活性评价方法主要包括细胞抗氧化活性法（CAA）、四氮唑溴蓝（MTT）比色法、二氯荧光黄双乙酸盐探针（DCFH-DA）法、酶活性检测法等。

1)细胞抗氧化活性法

细胞抗氧化活性(cellular antioxidant activity,CAA)法的建立被广大学者认为是抗氧化剂研究方法中的革命。Zielinska 等(2007)率先建立了细胞抗氧化活性评价方法,该法以人体肝癌细胞 HepG-2 作为实验模型,考察抗氧化物质在细胞中的反应情况,这种方法比传统的化学方法更具有生物相关性,经济、快捷,且具有良好的重现性。

2)3-(4,5-二甲基噻唑-2)-2,5 二苯基四氮唑溴盐比色法

3-(4,5-二甲基噻唑-2)-2,5 二苯基四氮唑溴盐(MTT)比色法广泛用于检测细胞存活率,其原理是活细胞线粒体内膜上的琥珀酸脱氢酶(succinate dehydrogenase,SDH)可将黄绿色的 MTT 降解成紫色的甲臜(formazan),生成量仅与活细胞数目成正比,而死细胞线粒体琥珀酸脱氢酶活性消失,不能将 MTT 还原,将其用二甲基亚砜(dimethyl sulfoxide,DMSO)溶解后用酶标仪测定甲臜的含量(OD 值),可以定量反映出细胞存活率。MTT 比色法以细胞为载体,通过细胞存活情况间接反映抗氧化活性成分的抗氧化作用,且操作简单、快速,被越来越多的研究人员采用。但物质的抗氧化活性只是使细胞存活率升高的众多因素之一,仅依靠 MTT 实验结果不能完全确定物质的抗氧化活性。

3)$2',7'$-二氯荧光黄双乙酸盐荧光探针法

$2',7'$-二氯荧光黄双乙酸盐荧光探针法(DCFH-DA)是在氧化应激状态下,细胞内的活性氧(ROS)水平会显著增高。细胞内 ROS 可以氧化细胞内无荧光的二氯荧光黄二乙酸(DCFH)生成有荧光的 DCF,通过检测 DCF 的荧光就可以知道细胞内的活性氧水平,然后与对照细胞内 ROS 水平对比,进而推断细胞受氧化损伤的程度,因此,DCFH-DA 法广泛应用于氧化应激模型构建及抗氧化活性评价。

4)酶活性检测法

在抗氧化活性评价方法中,酶活性检测法应用相当广泛,其主要通过特定的酶活力大小来体现,常见的酶活性检测指标有超氧化物歧化酶(superoxide dismutase,SOD)、谷胱甘肽过氧化物酶(glutathione peroxidase,GSH-Px)、过氧化氢酶(catalase,CAT)等。

7. 纳米材料为方向的抗氧化能力检测方法

传统的抗氧化能力检测方法大多离不开化学反应,而化学试剂自身存在潜在的毒性以及对人体的危害,因此某些检测方法在实际应用中受到限制。现已有纳米材料应用于抗氧化能力检测的方法。

1)以金纳米壳生长过程为基础的抗氧化能力检测法

马小媛等(2011)研究发现 H_2O_2 能诱导金纳米壳复合颗粒的生长,在金纳米

壳复合颗粒生长过程中，复合颗粒的局域表面等离子共振吸收峰逐渐增强，峰强逐渐增大，且吸收峰逐渐红移。进一步研究表明，在 H_2O_2 诱导金纳米壳复合颗粒生长过程中，若添加 H_2O_2 清除剂，壳的生长过程被抑制，从而导致离子共振吸收峰的规律性发生改变。此法被用于检测植物来源的抗氧化剂及酚酸化合物的抗氧化能力，这种方法有望推广于植物及草药提取物、食品等样品的抗氧化能力检测。

2）以诱导金纳米粒子生长的抗氧化能力检测法

Scampicchio 等（2006）提出了利用酚酸化合物诱导金纳米颗粒生长过程来评价抗氧化能力的方法。酚酸类化合物具有还原性，因此在溶液中，酚酸化合物不需要金纳米粒子的催化即能还原 Au（Ⅲ）形成金纳米颗粒，所形成的金纳米颗粒的光学吸收强度与酚酸类物质的抗氧化能力相关。根据金纳米颗粒在电极表面的生长情况考察黄酮类化合物的抗氧化能力，并且已经将这种方法应用于相关植物提取物抗氧化活性的检测。

8. 电化学方法

关于抗氧化剂的电化学检测研究已经相当广泛，包括循环伏安法、差分脉冲伏安法和流动注射安培法，其中，循环伏安法以其简便快捷的特点被研究者应用于抗氧化活性的检测中，并在农业食品领域的抗氧化评价中也得到了广泛的应用。电化学方法不仅反应检测物的氧化还原性质，还可以在物质氧化程度及反应条件上做出灵活的改变，从而使得热力学性质不同的氧化物之间存在某种联系。

4.1.4　花色苷抗氧化作用的研究

大量研究表明，花色苷能够有效清除体内的自由基，是一类抗氧化活性较高的功能因子，具有抗氧化、抗癌、抗炎、改善视力、预防心血管疾病等生理功能，适当条件下，可与脂质过氧化的金属离子发生耦合反应，减少机体内组织和器官因自由基造成的损害，从而表现出抗氧化作用。Wang 等（1997）在水相中测定了飞燕草色素、矢车菊色素、天竺葵色素、锦葵色素、芍药色素及其糖基化衍生物等 14 种花色苷的氧自由基吸收能力（ORAC），发现矢车菊色素-3-O-葡萄糖苷的 ORAC 值最高，为水溶性维生素 E 类似物的 3.5 倍，天竺葵色素 ORAC 值虽然在这些花色苷中最低，但也与 Trolox 拥有相同的抗氧化性。花色苷分子的抗氧化及清除自由基能力如表 4-1 所示。

表 4-1　某些花色苷分子的抗氧化及清除自由基能力

花色苷组分	%DPPH (30.0 μmol/L)^A	TEDPPH	%ABTS (10.0 μmol/L)^A	TEABTS	%OH (10.0 μmol/L)^A	TEOH	%FRAP (5.0 μmol/L)^A	TEFRAP
Ap	10.20 (±0.29)	0.198	40.12 (±1.36)	1.913	33.33 (±1.20)	0.22	1.00 (±0.04)	0.059
Pg	36.43 (±1.55)	0.708	7.36 (±1.61)	2.258	47.46 (±1.28)	0.743	18.37 (±0.57)	1.085
Cn	66.67 (±2.45)	1.296	72.80 (±2.99)	3.471	66.1 (±2.38)	1.434	36.41 (±1.39)	2.152
Dp	87.04 (±3.69)	1.691	81.96 (±3.94)	3.908	86.1 (±1.89)	2.175	42.87 (±1.88)	2.531
Pn	53.49 (±2.27)	1.039	50.37 (±1.71)	2.402	65.82 (±1.45)	1.424	25.80 (±0.80)	1.524
Pt	83.03 (±3.05)	1.614	75.14 (±3.08)	3.583	82.71 (±2.23)	2.049	46.69 (±2.05)	2.757
Mv	68.64 (±2.91)	1.334	61.84 (±2.54)	2.949	66.78 (±2.40)	1.459	26.49 (±1.01)	1.565
Qu	79.41 (±2.25)	1.543	87.86 (±4.22)	4.189	76.27 (±2.06)	1.811	100.00 (±4.38)	5.904
Pg-3-glu	42.99 (±1.82)	0.835	42.06 (±1.43)	2.006	49.49 (1.78)	0.819	18.47 (±0.57)	1.091
Cn-3-glu	61.38 (±2.26)	1.193	56.23 (±1.91)	2.681	72.5 (±1.60)	1.671	49.00 (±2.15)	2.893
Dp-3-glu	83.63 (±3.55)	1.625	81.59 (±3.92)	3.891	73.22 (±1.98)	1.698	62.95 (±2.76)	3.717
Pn-3-glu	45.31 (±1.67)	0.881	53.6 (±1.82)	2.556	61.06 (±2.20)	1.347	29.12 (±1.11)	1.719
Pt-3-glu	75.8 (±3.22)	1.473	92.17 (±4.43)	4.395	76.61 (±2.07)	1.823	63.86 (±2.80)	3.77
Mv-3-glu	64.07 (±2.36)	1.245	69.34 (±2.84)	3.306	63.05 (±2.27)	1.321	31.73 (±1.21)	1.873
Mv-3-gal	65.17 (±2.40)	1.266	7.06 (±2.75)	3.198	69.15 (±1.52)	1.547	35.54 (±1.56)	2.099

^{A} 为测定物的最终浓度。

花色苷类化合物可通过清除自由基和抵御生物大分子损伤来维持机体的稳定性。当今最具代表性的衰老理论是自由基理论。其抗衰老机制主要是因为花色苷有很强的抗氧化及清除自由基能力,因此,常食富含花色苷的食品可使体内堆积的自由基被清除,恢复机体自由基的平衡。Horaedo-Ortega 等(2016)研究发现不同浓度草莓提取物协同处理可显著降低细胞内 ROS 的积累,同时可减轻体外诱导的氧化应激。他们利用草莓衍生物中的花色苷进行体外抗氧化活性的测定,发现有特定的抗氧化活性氧产生,从而证明草莓花色苷是生物抗氧化剂的良好来源。Anwar 等(2014)研究发现矢车菊色素-3-O-葡萄糖苷可提高 HepG-2 细胞总谷胱甘肽(GSH)水平,并显著提高还原型谷胱甘肽(GSH)/氧化型谷胱甘肽(GSSG)比值,后者被认为是氧化应激的指标。田密霞等(2014)对注射蓝莓花色苷小鼠的肝脏进行研究,发现小鼠肝脏中谷胱甘肽、过氧化物酶活性及总抗氧化能力均显著增加,且花色苷高剂量组效果最好,证明蓝莓花色苷对肝脏组织的抗氧化具有增强的作用。

4.1.5　花色苷的抗氧化能力与其结构之间的关系

花色苷具有共轭结构,有利于抗氧化能力的产生,并且 B 环上发生羟基化和甲基化的程度与位置会影响其稳定性和反应性,从而对其抗氧化活性产生影响。花色苷结构中具有多个酚羟基,属于羟基供体,与游离的自由基结合形成稳定的自由基,阻碍了自由基发生链式反应。

1. 羟基的数目和其他取代基对抗氧化活性的影响

Wu 等(2017)以飞燕草色素-3-半乳糖苷、矢车菊色素-3-半乳糖苷、矢车菊色素-3,5-二葡萄糖苷和天竺葵色素-3,5-二葡萄糖苷为试验材料,发现 B 环 R_1 和 R_2 均为羟基的飞燕草色素-3-半乳糖苷的抗氧化活性强于 B 环 R1 为羟基的矢车菊色素-3-半乳糖苷的抗氧化活性,说明花色苷的抗氧化活性受到羟基数目的影响。A 环与 B 环中的羟基是酚型羟基,为抗氧化活性提供原子,C 环羟基为醇型羟基,一般不参与抗氧化作用。B 环邻位羟基的矢车菊色素-3,5-二葡萄糖苷的抗氧化活性明显强于 B 环无邻位羟基的天竺葵色素-3,5-二葡萄糖苷的抗氧化活性,说明羟基位置对氧化活性有影响。Tang 等(2014)以矢车菊色素-3-葡萄糖苷、飞燕草色素-3-葡萄糖苷和天竺葵色素-3-葡萄糖苷为比较对象,采用不同的光谱方法(即荧光光谱、紫外-可见吸收、三维荧光光谱和圆二色谱)研究矢车菊色素-3-葡萄糖苷、飞燕草色素-3-葡萄糖苷和天竺葵色素-3-葡萄糖苷 3 种不同取代基取代 B 环羟基的花色苷与人血白蛋白之间的相互作用,结果表明,每个分子中 B 环羟基的数量在花色苷与人血白蛋白的相互作用中起重要作用。花色苷结构中 B 环上羟基被其他取代基所取代，形成不同种类的花色苷，其抗氧化活性也存在不同。锦葵色素结构中 B 环 R_1 与 R_2 位上羟基被—OCH_3 基团取代，因此在 6 种花色苷中锦葵色素抗氧化活性最弱，羟基数目影响花色苷抗氧化活性。Bragaa 等（2016）对茄子皮中飞燕草色素-3-芸香糖苷和飞燕草色素-3-（对香豆酰基芸香糖苷）-5-葡萄糖苷进行定性分析，证实飞燕草色素-3-芸香糖苷抗氧化活性较高，这与花色苷取代基越少，抗氧化能力越高的理论相一致。同时由于第 5 个位点葡萄糖的出现以及芸香糖的酰基化作用导致了飞燕草色素-3-（对香豆酰基芸香糖苷）-5-葡萄糖苷与飞燕草色素-3-芸香糖苷的差异，证实了具有不同取代基的花色苷抗氧化能力存在差异性。花色苷中羟基数目及羟基取代基的变化对其抗氧化活性及其他生物活性都会起到很大的影响。

2. 酰基和糖苷键对抗氧化活性的影响

酰基和糖苷键的形成有利于花色苷分子内和分子间结构的稳定性。大量研究证明，对于被酰基化的花色苷，酰基常与 C6-OH 结合生成 C3-单糖，也部分与 C2-OH，C3-OH，C4-OH 和 C6-OH 结合生成 C3-双糖或者与 C6-OH 或 C4-OH 结合生成 C3-双糖和 C5-单糖。且 1 个酰基可能同时连接位于花色苷不同位置的 2 个糖基。章萍萍等（2017）对紫薯中的花色苷种类及抗氧化活性进行研究，表明紫薯中主要含有母核为芍药色素的 5 种酰基化花色苷，并采用普鲁士蓝法测得芍药色素-3-咖啡酰-对羟基苯甲酰槐糖苷-5-葡糖苷的还原能力是 5 种花色苷中最强的，证实酰基对花色苷的抗氧化能力起加强作用。

Lee 等（2015）研究蓝莓中花色苷的总抗氧化能力，结果表明飞燕草色素-3-芸香糖苷的抗氧化活性低于飞燕草色素-3-葡萄糖苷的抗氧化活性，矢车菊色素-3-芸香糖苷的抗氧化活性低于矢车菊色素-3-葡萄糖苷的抗氧化活性，可见苷元相同糖苷键不同，其抗氧化能力也存在差异。王二雷等（2016）研究蓝莓花色苷及苷元分别对 DPPH 和 ABTS 自由基的清除能力，结果表明，蓝莓花色苷苷元的抗氧化能力显著高于糖苷形式（$p < 0.05$），且为对照品维生素 E 抗氧化能力的 $1.31 \sim 1.72$ 倍，表明蓝莓花色苷从糖苷形式转化为苷元形式能增强花色苷的抗氧化活性。花色苷的结构差异使其种类不同，抗氧化活性因此也存在差异，不同的取代基，取代基的数目和位置都会对花色苷的抗氧化活性起到抑制或促进作用；相同种类的花色苷其糖苷键的不同，也会影响抗氧化能力，表明花色苷的结构对其抗氧化活性有着至关重要的作用。

4.2 花色苷的抗癌功能

癌症是严重威胁我国居民健康的一大类疾病,2020 年中国新发病例和死亡人数全球第一。癌症的发生是一个复杂的过程,包括多种信号通路的激活、细胞凋亡和增殖过程的异常。近年来,较多研究认为花色苷具有阻断癌症启动和抑制肿瘤增殖的作用,影响白细胞介素(interleukin,IL)-6、肿瘤坏死因子(tumor necrosis factor α,TNF-α)、IL-1β 在内的炎症因子通过调控肠道上皮细胞的增殖、分化及存活而影响癌症的发生。

4.2.1 花色苷抗癌机制

近年来,随着人们健康意识逐渐增强,花色苷由于来源广泛和低细胞毒性,在肿瘤预防和癌症治疗中的作用受到越来越多的关注。

1. 癌细胞形成初始阶段

1)抗氧化作用

花色苷通过清除自由基作用于抗氧化系统,通过减少氧化应激对正常细胞的基因组损伤,以此减少基因突变的恶性转化,从而防止肿瘤的发生。花色苷的抗氧化作用由 B 环上的 $3'$,$4'$,$5'$-羟基和 C 环上的 $3'$-羟基决定(Long 等,2010)。Thoppil 等(2012)发现黑醋栗花色苷对肝癌发生具有化学预防作用,可以通过 Kelch 样 ECH 联合蛋白 1-核转录相关因子(NF-E2-related factor 2,Nrf2)途径作用于抗氧化反应元件(antioxidant response element,ARE),并通过调节 phase Ⅱ 抗氧化酶(谷胱甘肽还原酶、谷胱甘肽过氧化物酶、谷胱甘肽转移酶和醌氧化还原酶)的表达来抑制半胱氨酰天冬氨酸特异性蛋白酶-3(cysteinyl aspartate specific proteinase-3,caspase-3),从而保护正常细胞免受氧化应激。

2)抗炎作用

慢性炎症通常是肿瘤的预兆。炎症因子的异常表达和分泌对肿瘤发生起重要的作用。据报道,花色苷可以通过多种途径抑制转录因子核因子活化 B 细胞 κ 轻链增强子(nuclear factor kappa-light-chain-enhancer of activated B cells,NF-κB)来控制炎症因子的表达和分泌,多途径发挥其抗炎功能。花色苷(矢车菊色素-3-葡萄糖苷、飞燕草色素-3-葡萄糖苷、牵牛花色素-3-葡萄糖苷等)通过作用磷脂酰肌醇-3 激酶(phosphoinositide 3-kinase,PI3K)/蛋白激酶 B(protein kinase,PKB)和丝裂原激活的蛋白激酶(mitogen-activated protein kinases,MAPKs)途径抑制外界刺激(如脂多糖、干扰素-γ 等)诱导的 NF-κB 的活化,抑制环氧合酶(cyclooxygenase 2,COX-2)和诱导型一氧化氮合酶(inducible nitric oxide synthase,iNOS)的表达及它们的产物前列腺素 E(prostaglandin E,PGE2)和一氧化氮的产生(Jeong 等,2013 和 Haseeb 等,2013)。Miyake 等(2011)和 Burton 等(2015)发现花色苷还可以阻断 STAT3 的激活和抑制 NF-κB 的表达,从而达到抗炎作用。Rehman 等(2017)指出黑豆花色苷提取物可降低 ROS 水平,抑制 iNOS、TNF-α、p-NF-κB 等炎性因子的分泌,进而抑制星胶质细胞的活化以及神经炎症。张国坤(2017)选用 COX2、TGFβ1 等作为炎性因子的指标,将机体炎症同 DNA 损伤有机地联系起来,结果显示,花椒花色苷可抑制炎性反应,改善以 D-半乳糖诱导的小鼠病理性衰老。李建光等(2017)通过给予黑果小檗花色苷预处理,发现细胞上清液中 IL-1β、IL-6、TNF-α 等表达水平明显下降,明显缩短了小鼠水迷宫实验的潜伏期,结果指出,花色苷可保护小胶质细胞,并且能够改善 AD 模型小鼠的学习记忆能力。

2. 癌细胞形成阶段

1)分化诱导作用

花色苷可以诱导肿瘤细胞的终末分化并阻断肿瘤发生。Liusmith 等(2016)验证了矢车菊色素-3-O-p-吡喃葡萄糖苷(Cy-g)对黑素瘤细胞分化诱导的影响,在一定程度上,分化程度决定肿瘤恶性程度,花色苷可能在癌症形成阶段通过诱导肿瘤细胞分化,进一步影响最终肿瘤的大小及其恶性程度。

2)抑制细胞转化作用

细胞转化是肿瘤发生的原因之一。Hou 等(2004,2005)研究发现飞燕草色素、矢车菊色素花色苷能够抑制小鼠皮肤细胞株 JB6P+由于 TPA 诱导导致的转化。飞燕草色素能够以 ATP-非竞争性方式与 Rafi 或 MEK1 结合,抑制 TPA 处理过的 JB6P+细胞中 AP-1 和 NF-κB 的表达,并进一步抑制 COX-2 和 PGE2 产物的表达。此外,通过 Ras/Raf/MEK/MRK 途径,飞燕草色素可调节 MEK、ERK、核糖体蛋白 S6 激酶和丝裂原活化蛋白激酶的磷酸化水平,来削弱 TPA 诱导的细胞转化(Kang 等,2008)。

3)抑制细胞增殖作用

癌细胞的显著特征是其细胞周期不受控制,可以进行连续的分裂和增殖。花色苷可以选择性地抑制癌细胞的增殖,但对正常细胞的增殖几乎没有影响。花色苷对癌细胞生长和增殖的抑制主要从三个方面表现:①抑制信号通路,阻断信号转导。Syed 等(2008)发现花色苷能够抑制肝细胞生长因子诱导的磷酸化,阻断 Ras-ERK MAPK 和 PI3K/Akt 通路。②调节抗癌基因和相关蛋白的表达。Malik 等

（2003）和 Ha 等（2015）研究发现，除了上调结肠和前列腺癌细胞中的 p53 来激活 DNA 修复系统，花色苷也可以启动 p21 和 p27 的转录。p21 是细胞周期蛋白依赖性激酶 CDks 的抑制剂，可以与 CDKs 结合诱导癌细胞的细胞周期停滞。③其他途径。Kausar 等（2012）发现浆果花色苷可以作用于 β-连环蛋白、Wnt 和 Notch 途径以及其下游靶蛋白，协同抑制人体非小细胞肺癌细胞的生长和增殖。

3. 癌细胞发展阶段

1）诱导肿瘤细胞凋亡作用

恶性转化的细胞表现出不可控的生长，它们的过度增殖导致肿瘤的形成，肿瘤细胞的凋亡被抑制，因此死亡细胞不能正常消亡。花色苷可通过内部线粒体途径和外部死亡受体通路诱导癌细胞的凋亡。线粒体介导的凋亡包括半胱天冬酶依赖和半胱天冬酶非依赖途径。Lee 等（2009）研究发现花色苷可以作用于 Bcl 蛋白家族和凋亡蛋白家族的抑制剂，通过半胱氨酸蛋白酶依赖性激活凋亡反应。Liu 等（2016）研究发现从马铃薯中提取的花色苷可通过 JNK 途径诱导线粒体释放内切核酸酶 G 和细胞凋亡诱导因子，以触发前列腺癌 LNCaP 和 PC-3 细胞系的半胱氨酸蛋白酶非依赖型细胞凋亡。Chang 等（2005）发现飞燕草色素能够激活 p38-FasL 和促凋亡蛋白 Bid 途径，从而以时间依赖性和剂量依赖性的方式诱导 HL-60 细胞的凋亡。

2）抑制肿瘤血管生成作用

肿瘤血管生成是恶性肿瘤生长和转移的限制性条件。血管生成的过程由许多细胞因子控制，其中最重要的正调节因子是血管内皮生长因子（VEGF）。因此，抑制血管生成受体 VEGF 的受体可以有效抑制肿瘤转移。花色苷可以抑制受体酪氨酸激酶（receptor tyrosine kinase，RTK），对 VEGFR-3 的抑制作用特别明显（Teller 等，2009）。飞燕草色素和矢车菊色素可以通过阻断 p38-MAPK 和 JNK 途径抑制由血小板源性生长因子（platelet derived growth factor，PDGFAB）诱导的血管平滑肌细胞中 VEGF 的表达。

4.2.2 花色苷与癌症

1. 肝癌

曹东旭等（2011）通过 MTT 实验发现高浓度紫甘薯花色苷可以抑制人肝癌 HepG-2 细胞的生长，此抗癌功能可能与发酵紫薯中的多酚有关。经苏木素-伊红（HE）染色后在显微镜下观察，发现人肝癌 HepG-2 细胞出现凋亡的特征，表现为细胞核固缩，胞膜不规则，出现新月形致密小体等，这种抑制作用同样具有剂量依赖性。Zhou 等(2018)使用 100 $\mu g/mL$ 蓝莓花色苷提取物处理人肝癌 HepG-2 细胞后,细胞活力明显下降且凋亡细胞数量明显增加,说明蓝莓花色苷有抗肝癌的作用;李佳睿(2018)以体外培养的人肝癌细胞 SNU-387 为模型,对紫甘薯花色苷的作用机制进行了研究,发现紫甘薯花色苷是通过影响 MAPK 信号通路诱导肝细胞凋亡来抑制癌细胞生长的,还可以促进半胱氨酸蛋白水解酶-8(Caspase-8)大量产生,发生级联反应,诱导肝细胞凋亡。紫甘薯花色苷通过抑制肝 SNU-387 癌细胞内超氧化物歧化酶(SOD)水平上调活性氧含量,激活 NF-κB 通路、MAPK 信号通路参与介导癌细胞凋亡。薛宏坤等(2020)对巨峰葡萄皮中的花色苷进行鉴定,提取出了 3 种花色苷,分别为矢车菊色素-3-芸香糖苷、锦葵色素-3,5-双葡萄糖苷-香豆酰和锦葵色素-3-半乳糖苷,通过对 3 种花色苷组分抗肿瘤活性分析发现,3 种花色苷组分均能显著抑制 SEjHepG-2 肝癌细胞和 A549 肺癌细胞的增殖和侵袭能力,并且能够显著增加癌细胞的凋亡,其抗肿瘤效果顺序依次为锦葵色素-3,5-双葡萄糖苷-香豆酰＞矢车菊色素-3-芸香糖苷＞锦葵色素-3-半乳糖苷。

2. 乳腺癌

Faria 等(2010)使用 250 $\mu g/mL$ 蓝莓花色苷提取物处理两种乳腺癌细胞(MDA-MB-231 和 MCF7)24 h 后,细胞的增殖能力和侵袭能力受到明显抑制;Adams 等(2010)在研究蓝莓提取物的抗癌作用中发现,蓝莓提取物通过调节磷脂酰肌醇 3-激酶(phosphatidylinositol 3-kinase,PI3K)信号通路抑制乳腺癌细胞的生长和迁移。紫甘薯花色苷可以抑制 HER-2 蛋白的过度表达,减少乳腺癌细胞自发二聚化和自磷酸化,抑制局部黏附激酶(FAK)活化,进而抑制乳腺癌细胞迁移和转移(Laksmiani,2018)。马建萍等(2021)发现紫甘薯花色苷通过 circ_0003998/miR-145 轴能够降低乳腺癌 MDA-MB-231 细胞的增殖程度、迁移力和侵袭力。两种作用之间是否存在联系暂无相关研究。

3. 前列腺癌

方芳(2014)研究了紫色马铃薯花色苷提取物对前列腺癌细胞 Du145、PC-3 的增殖抑制作用,并研究了抑制其增殖的机理,结果表明,紫色马铃薯花色苷明显抑制了这两种细胞的增殖。这是因为花色苷可以阻滞癌细胞的细胞周期,影响其DNA 的合成和复制,从而抑制了细胞的分裂和增殖。Ha 等(2015)研究发现,从黑豆中提取的具有抗氧化性的花色苷,对体外前列腺癌细胞(激素难治)的凋亡有明显作用。Sorrenti 等(2015)在研究矢车菊色素诱导前列腺癌细胞 LNCap 凋亡和分化时发现,矢车菊色素能激活 caspase-3 和 p21 蛋白表达,产生抗增殖作用。蓝莓花色苷提取物还能通过 MAPK 信号通路调节蛋白激酶 C 和金属蛋白酶的表达来抑制前列腺癌细胞的活力（Matchett,2005）。

4. 结直肠癌

花色苷关于结直肠癌的研究在蓝莓上较多。Driscoll 等（2020）研究发现,蓝莓提取物能够降低炎症相关结直肠癌小鼠体内的活性氧（ROS）,进而干预炎症相关结肠癌的发病进程。Srivastava 等（2007）研究发现,富含花色苷的蓝莓提取物通过增加 caspase-3 的表达诱导结肠癌细胞明显凋亡;Sezer 等（2019）使用蓝莓提取物处理结肠癌 HCT-116 细胞,通过测定细胞的氧化应激和凋亡指数,发现蓝莓提取物对 HCT-116 有很强的抗凋亡效果;林杨（2020）使用蓝莓花色苷提取物联合美沙拉嗪共同处理氧化偶氮甲烷（azoxymethane, AOM）/葡聚糖硫酸钠（dextran sodium sulfate,DSS）诱导的炎症及相关结直肠癌小鼠模型,分析了蓝莓花色苷提取物对结直肠癌的抑制作用。结果发现,蓝莓花色苷提取物联合美沙拉嗪通过调节与凋亡相关蛋白的表达水平,促进细胞凋亡;调节与细胞周期相关蛋白的表达,抑制肿瘤细胞增殖;通过阻断 NF-κB 信号通路,抑制促炎介质的表达。

5. 其他癌症

李卫林等（2018）发现高浓度紫甘薯花色苷可改变 BIU87 膀胱癌细胞形态学结构,可使 BIU87 膀胱癌细胞大小不一、无法贴壁生长、生长稀疏以及细胞结构缺损,且采用 CCK-8(cell counting kit-8)法证明了紫甘薯花色苷对膀胱癌细胞具有抑制作用,这种抑制作用具有剂量依赖性,但未对紫甘薯花色苷抑制肿瘤细胞生长的机制进行研究。Davidson 等（2019）研究发现蓝莓提取物对宫颈癌细胞具有促进凋亡、抑制增殖的效果,蓝莓提取物可以作为宫颈癌治疗的放射增敏剂。因此,蓝莓提取物可以通过不同的通路和作用机制预防和抑制癌症。薛宏坤等（2020）从蓝莓果渣中提取了 6 种花色苷,研究发现花色苷提取物对 HepG-2 肝癌细胞和 A549 肺癌细胞生长和侵染均有抑制作用,且对 A549 肺癌细胞抑制效应更强。范智彦等（2021）利用结肠癌细胞模型发现 KTN1-AS1（是近年新发现的一种长链非编码 RNA）可能作为促癌基因参与肺癌的发生与发展,是肺癌治疗的潜在分子靶点。紫甘薯花色苷可能通过下调 KTN1-AS1 表达来抑制肺癌 A549 细胞增殖,并诱导细胞凋亡。

4.2.3 花青素及其花色苷单体抗肿瘤活性

不同植物花色苷提取物的抗癌种活性是不同的,甚至同一植物通过不同提取方法得到的花色苷单体种类与含量也是不同的,这是由于不同花青素及其糖配体形成的花色苷单体不同,所以抗肿瘤活性不同。已有国内外文献对花色苷单体或花色苷提取物的抗肿瘤活性进行部分癌种的体外体内实验。

矢车菊色素为苷元的花色苷在植物花色苷中占据着"半壁江山",因此其在抗肿瘤活性上的研究得到关注。对于矢车菊色素的花色苷单体,研究者主要以矢车菊色素-3-葡萄糖苷和矢车菊色素-3-芸香苷为研究对象,尤其是以矢车菊色素-3-葡萄糖苷为研究对象。实验结果显示,矢车菊色素的花色苷单体可抑制乳腺癌、结肠癌、胃癌、肺癌、前列腺癌、黑色素瘤与白血病癌细胞的增殖,在胃癌细胞的增殖抑制上尤为显著;另外,对肺癌细胞与乳腺癌细胞的侵袭和转移有明显的抑制作用。从总酚含量的角度分析,矢车菊色素-3-葡萄糖苷的抗肿瘤活性最强,3,5-二糖苷的活性次之,三糖苷活性最弱(Jing 等,2008)。

飞燕草色素是 6 种常见花青素中羟基数量最多的一种,其酚羟基的数量在一定程度上决定了其生物学活性。抗肿瘤活性研究表明飞燕草色素花色苷单体可抑制结肠癌、前列腺癌、乳腺癌和白血病等癌细胞的增殖。

锦葵色素 B 环上仅在 4′ 位置上有一个羟基,是 6 种花色苷中甲基化程度最高的一类。在抗肿瘤活性方面,可抑制结肠癌与白血病等癌细胞的细胞活性,且均比飞燕草色素单体或矢车菊色素花色苷有更强的抑制作用。

天竺葵色素单体及其花色苷可以从葡萄皮以及红心萝卜中提取。在抗肿瘤活性方面,其对肝癌、胃癌、结肠癌、肺癌和乳腺癌等癌细胞增殖都有一定的抑制作用。

芍药色素 B 环 3′ 和 5′ 位置上分别连接甲氧基和氢原子。芍药色素单体主要来源于黑米提取物,其抗肿瘤活性较矢车菊色素与天竺葵色素等尚有一定的差距,在抑制结肠癌、乳腺癌、肺癌等癌细胞的增殖上有一定的作用。Lim 等(2013)发现芍药色素-3-葡萄糖苷单体对结肠癌细胞 SW480 的增殖有显著的抑制作用,进一步发现含有芍药色素、矢车菊色素和天竺葵色素等花色苷的紫甘薯提取物,比相同浓度的芍药色素-3-葡萄糖苷单体对 SW480 增殖表现出更强的抑制作用。

牵牛花色素 B 环 3′ 和 5′ 位置上连接的是甲氧基和羟基。牵牛花色素及其花色苷单体的抗肿瘤活性研究较少,可能是其总体含量较低限制了对它的研究。牵牛花色素主要是直接从葡萄皮中提取,或经酸化后再提取。牵牛花色素抑制乳腺癌与结肠癌的癌细胞增殖,其中牵牛花色素-3-葡萄糖苷单体对胃癌细胞增殖也有一定的抑制作用。

4.3　花色苷对肥胖的干预作用

肥胖是目前世界广泛关注的慢性病之一,因为能量摄入过多,超过能量的消耗,致使体内脂肪过度积累,带来高血压、高脂血症、糖尿病、脂肪肝等一系列并发症。肥胖形成的原因十分复杂,肠道菌群失调、能量代谢紊乱、炎症和免疫功能低下都是导致肥胖的主要原因,但其确切的发病机理尚未明确。

花色苷可以改善肥胖相关的肠道菌群失调和脂肪组织的炎症。赵静(2011)研究发现笃斯越橘花色苷在一定程度上能通过提高高脂血症大鼠的脂蛋白酶及肝脂酶的活性,增加甘油三酯与胆固醇的代谢,从而调节大鼠体内脂肪堆积情况,改变其体重。吴涛(2014)从桑果、樱桃、蓝莓、蓝靛果4种水果中分离制备花色苷,研究其减肥作用,发现花色苷可以减少脂质在血清和肝脏组织中的积累、改善胰岛素抵抗、下调炎症因子 IL-6 和 TNF-α 基因表达水平。Zhang 等(2016)探讨了蓝莓花色苷对 C57BL/6 小鼠的肥胖抵抗作用。研究发现,蓝莓花色苷可通过抑制脂肪酸合成来减轻体重。Lee 等(2016)研究了黑豆花色苷对肥胖的调节作用。经过8周的临床试验,发现花色苷组肥胖人群腹部脂肪显著减少,甘油三酯、低密度脂蛋白显著降低,总胆固醇、高密度脂蛋白胆固醇和低密度脂蛋白胆固醇明显下降,安慰剂组(淀粉,2.5 g/d)没有变化。

花色苷影响脂代谢相关基因的表达。Karaayak 等(2020)发现了苹果、红葡萄和肉桂花色苷干预肥胖的机制可能与抑制脂肪酸合成相关基因的表达、上调脂肪酸氧化基因的表达、降低肥胖相关炎症因子的分泌有关。Skates 等(2018)认为树莓花色苷主要通过促进能量消耗和增强线粒体功能来改善高脂膳食诱导的肥胖症状。人体实验表明,花色苷类补充剂调节脂质代谢等代谢综合征可能与抑制核因子 κB(nuclear factor kappa-B,NF-κB)依赖性基因表达和增强过氧化物酶体增殖活化受体 γ 有关(Aboonabi 等,2020)。

花色苷可抑制胰脂肪酶活性,降低膳食甘油三酯的水解程度。张静等(2020)在研究黑枸杞花色苷提取物与胰脂肪酶作用的特性时发现,黑枸杞花色苷能与胰脂肪酶以氢键和范德华力结合,形成复合物,使胰脂肪酶发生静态猝灭,且黑枸杞花色苷提取物浓度与其对胰脂肪酶活性抑制率呈正相关。常见果蔬的花色苷如山茱萸果实花色苷、黑枸杞花色苷、黑米花色苷、红米花色苷均能较好地抑制脂肪酶活性。不同果蔬的花色苷提取物对胰脂肪酶的抑制效果虽然不同,但大多呈正相关剂量效应关系。

4.4 花色苷对糖尿病的防治

花色苷作为一种天然植物多酚,其在体外和动物模型试验中均能有效控制血糖和调控代谢,且摄入富含花色苷的蔓越莓防治 Ⅱ 型糖尿病的试验已在临床上得以证实（Le 等，2015；Huseini 等，2013）。

4.4.1　降低氧化应激

糖尿病与氧化应激相关是因为糖尿病患者体内过多的自由基和活性氧的产生导致体内的抗氧化系统失衡。花色苷作为一种天然的抗氧化剂，可有效清除羟基自由基、超氧自由基等，抑制其对机体的氧化损伤，同时还能通过激活并调节体内过氧化氢酶、过氧化物歧化酶等抗氧化酶防御体系防止或延缓糖尿病并发症的发生。这种疗法需要借助抗氧化剂或者通过提高抗氧化酶的活性来实现，而花色苷就可以起到这个效果。紫色马铃薯和紫玉米中的花色苷对 DPPH·、ABTS$^+$、Fe^{3+} 均具有一定的抗氧化能力，且紫玉米中的花色苷抗氧化能力比 BHT 更强（方芳，2014 和 Yang 等，2010）。许多动物试验表明，在 Ⅱ 型糖尿病小鼠中，硫代巴比妥酸（TBARS）、丙二醛（MDA）和氧化型谷胱甘肽（GSSG）的含量高于正常的小鼠，SOD 和 CAT 的含量低于正常的小鼠（Guo 等，2007 和 Roy 等，2008）。采用链霉素诱导大鼠患上 Ⅱ 型糖尿病，在患病大鼠的饮食中每天添加 0.1% 的桑葚花色苷，试验结束后发现，桑葚花色苷可有效降低肝脏中 GSSG 的含量，同时还降低了大鼠体内 TBARS 的水平（Sugimoto 等，2003）。

4.4.2　保护胰岛 β 细胞

胰岛 β 细胞凋亡的信号转导途径主要包括外源性途径（死亡受体介导的信号途径）、内源性途径（线粒体凋亡信号途径）以及颗粒酶 B 途径。这些信号转导通路的共同特征是：各种应激和刺激信号激活特定的信号通路，使半胱天冬蛋白酶（caspase）最终被激活。激活的 caspase 剪切胞内底物，从而破坏细胞结构和影响细胞代谢，导致细胞特有形态学和生化条件改变，进而促进细胞凋亡。另外，多种细胞因子如 IL-1β、IFN-γ 和 TNF-α 可通过激活各种核转录因子诱导大量 β 细胞凋亡（Cnop 等，2002）。花色苷利用其抗氧化性可以有效地降低机体的氧化应激水平，所以它可以保护 β 细胞不受到氧化应激的损伤。不同的体外和体内的研究表明，花色苷具有很好的抗氧化性和调节机体代谢的功能，可以有效地保护胰岛 β 细胞，从而降低机体的血糖水平（Roy 等，2008）。

Lee 等（2015）研究发现，从桑树果实中分离出的矢车菊色素-3-葡萄糖苷通过预防氧化应激诱导的 β 细胞凋亡来预防糖尿病。从杨梅中提取的花色苷通过细胞外信号调节激酶（extracellular signal regulated kinase1/2，ERK1/2），磷脂酰肌醇-3-激酶（phosphoinositide 3 kinase PI3K）/蛋白激酶 B（protein kinase B，PKB）通路诱导 HO-1 上调从而保护 β 细胞免于 H$_2$O$_2$ 诱导的细胞损伤（Zhang 等，2011）。

蓝莓中的花色苷提取物促进胰岛 βTC-tet 细胞增殖,同时还抑制由高糖诱导的大鼠肾上腺嗜铬细胞瘤细胞 PC12 凋亡,给糖尿病患者摄入蓝莓的不同部分提取物都有助于胰腺 β 细胞的增殖(Martineau 等,2006)。

4.4.3 促进胰岛素分泌

胰岛素的分泌主要受葡萄糖和胞内 Ca^{2+} 信号的共同调控,其中葡萄糖刺激胰岛细胞的调控与线粒体代谢密切相关。葡萄糖经胰岛 β 细胞分别从依赖和非依赖敏感性钾 ATP 型通道两条途径促进胰岛 β 细胞分泌胰岛素。花色苷作为一类植物多酚类物质具有促进胰岛素分泌的作用。Sun 等(2017)研究证实花色苷中的矢车菊色素在小鼠胰岛细胞(INSl)中通过上调胞质内 Ca^{2+} 信号通道及葡萄糖转运相关基因(Glut2)的表达,从而促进胰岛素的分泌。研究表明,黑莓提取物(BCE)含有丰富的花色苷,特别是飞燕草色素-3-芸香糖苷(D3R),可诱导肠促胰岛素 GLP-1 的分泌,有助于减少糖尿病药物剂量和防止糖尿病的发生(Kato,2015)。花色苷能通过不同的途径诱导胰岛 β 细胞的胰岛素分泌。

4.4.4 缓解胰岛素抵抗

胰岛素受体的 α 亚基与胰岛素结合使得 β 亚基酪氨酸激酶活化,进一步磷酸化胰岛素受体底物(insulin receptor substrate,IRS),从而使一系列生化指标发生改变。然而在 Ⅱ 型糖尿病中由于胰岛素对葡萄糖的吸收和利用不敏感,致使血糖、血浆中游离脂肪酸增加从而形成胰岛素抵抗。胰岛素抵抗造成各组织中葡萄糖的转运和酵解、肝和肌肉中的糖原合成、糖异生和糖原分解紊乱,同时抑制胰岛素依赖的 Glut4 及许多关键酶(如糖原合成酶、磷酸果糖激酶、葡萄糖激酶、丙酮酸激酶和丙酮酸脱氢酶等)活性。研究发现,PI3K/PKB(phosphoinositide-3-kinase/protein kinase B)信号转导通路是胰岛素调控肝脏葡萄糖代谢的主要作用路径。当 PI3K/PKB 及下游信号通路发生障碍时,会引发胰岛素抵抗。AMP 活化蛋白激酶(AMPK)是机体能量代谢的关键感受器,可以控制糖脂代谢。桑葚花色苷可以通过激活骨骼肌中 AMPK 和蛋白激酶 PKB 的一个新底物(AS160)的活性以及抑制肝脏中的糖异生来改善高血糖和胰岛素敏感性(Choi 等,2016)。Zhao 等(2018)研究发现树莓提取物通过激活 AMPKal 介导的信号通路缓解肥胖导致的胰岛素抵抗。

4.5　花色苷防治阿尔兹海默症

阿尔兹海默症（Alzheimers disease，AD）是常见的以记忆和认知功能障碍为主要特征的神经退行性疾病,老年斑的大量沉积、神经纤维缠结形成以及神经元变性丢失是其主要的病理改变,同时伴有弥漫性大脑皮层萎缩。除去冠心病、肿瘤和卒中,AD 目前已成为全球老年人的第 4 位主要死亡原因。有研究指出,若长期通过膳食补充富含花色苷成分的食物,可有助于逆转年龄相关的认知缺陷行为和神经功能（Subash 等,2014）。花色苷在防治 AD 等神经退行性疾病中扮演着重要的角色。刘伟（2016）发现蓝莓提取物可显著改善 AD 小鼠的脑组织结构及细胞形态,降低沉积的老年斑数量及 Aβ1-42 的含量,提示蓝莓提取物减缓了 AD 的发展进程。

4.5.1　抗氧化作用

Shih 等（2010）评估了富含花色苷的桑葚提取物（ME）对衰老加速小鼠中抗氧化酶的诱导以及促进认知的效用,研究发现,ME 能够诱导抗氧化防御系统并且改善衰老动物的记忆力衰退。Shih 等（2016）指出花色苷介导的抗氧化酶表达,涉及细胞外信号调节激酶和 c-JunN 端激酶途径和转录因子 Nrf2 激活,细胞内的活性氧（ROS）过量形成和细胞凋亡引起的细胞毒性也在花色苷的刺激下得到改善。张波（2010）指出,花色苷可经 ERK1/2 及 PI3K/PKB 通路上调 HO-1 的表达,此外,还可诱导 Nrf2 向胞核转移,增加其转录活性,减少 H_2O_2 刺激导致的氧化应激损伤,进而减少细胞凋亡、坏死及自噬。总之,促分裂原活化蛋白激酶（mitogen-activated protein kinase，MAPK）和 Nrf2 基因在花色苷诱导的抗氧化酶活化中发挥着调节作用。

4.5.2　抑制细胞凋亡作用

机体内细胞的凋亡和抗凋亡失衡可能影响着神经退行性疾病的发生发展,P53 依赖的细胞凋亡通路与相关的靶基因（如 Bax、Bcl-2、Cytc 及 caspase）有密切联系。Kim 等（2012）从黑大豆中分离获得 3 种主要的花色苷,通过抑制 ASK1-JNK/p38 途径的 ROS 依赖性活化,以及上调 Neu1 唾液酸酶基因表达,最终抑制神经细胞凋亡。宋楠（2016）通过体内外实验证实,矢车菊色素-3-O-葡萄糖苷（Cy-3G）可以通过 PPARγ 途径缓解 Aβ25-35 诱导的 SH-SY5Y 细胞损伤,能增加 APP^{SWE}PS1$^{\triangle E9}$ 双转基因 AD 小鼠在新物体识别实验中的认知能力。You 等

（2017）发现用 Cy-3G 预培养 PC12 细胞，可恢复由 Aβ25-35 处理而改变的 ROS 和线粒体膜电位水平，通过刺激 Cytc 和 AIF 释放至细胞质并降低 Caspase-3、Caspase-8 和 Caspase-9 活化水平，抑制 JNK 和 P38 的磷酸化，进而抑制细胞凋亡。

参考文献

曹东旭，董海叶，李妍，等．紫甘薯花色苷对人肝癌细胞 HepG2 的作用．天津科技大学学报，2011，26（2）：9-12.

陈全斌，苏小建，沈钟苏．罗汉果叶黄酮抗氧化能力研究．食品研究与开发，2006，27（10）：189-191.

范智彦，刘金菊．紫甘薯花色苷通过调控 KTN1-AS1 表达对肺癌细胞的增殖和凋亡的影响．食品与药品，2021，23（1）：10-16.

方芳．紫色马铃薯花色苷提取物体外抗前列腺癌研究．杭州：浙江大学，2014.

高月红，郑建普，朱春赟，等．抗氧化能力检测方法评估及微型化．中国药学杂志，2008，43（24）：1863-1866.

顾有方，陈会良，刘德义，等．自由基的生理和病理作用．动物医学进，2005，26（1）：94-97.

黄益民，赵辉，虞欣，等．自由基损伤红细胞膜分子的机理研究．生物物理学报，1997，13（2）：165-173.

李佳睿，李泓烨，喻凯，等．紫甘薯花青素对肝癌的影响及其机制的研究．天然产物研究与开发，2018，30（1）：41-44.

李建光，阳莹，刘倩芸，等．黑果小檗总花色苷对 Aβ25-35 诱导的 AD 小鼠及小胶质细胞神经炎性反应模型的影响．中华中医药杂志，2017，32（2）：822-825.

李卫林，季广华，章新展，等．紫甘薯花色苷对膀胱癌 BIU87 细胞增殖的影响及其机制探讨．中华医学杂志，2018，98（6）：457-459.

林杨．蓝莓花色苷积累规律及其提取物对炎症相关结直肠癌的影响机制研究．沈阳：沈阳农业大学，2020.

刘伟．花色苷改善阿尔茨海默病认知障碍的自噬与表观遗传调控机制．北京：中国人民解放军军事医学科学院，2016.

马建萍，宋连川，赵成茂，等．紫甘薯花色苷通过 circ_0003998/miR-145 轴调控乳腺癌 MDA-MB-231 细胞的增殖、迁移和侵袭．中国肿瘤生物治疗杂志，2021，

28(7):672-679.

马小媛,钱卫平.抗氧化能力评价方法.化学进展,2011(8):1737-1746.

宋楠.矢车菊色素-3-O-葡萄糖苷对 APPswe/PS1△E9 转基因阿尔茨海默病模型小鼠神经保护的作用机制及对其肠道菌群的影响.北京:北京协和医学院,2016.

田密霞,李亚东,胡文忠,等.60 种蓝莓花青素的含量及抗氧化性的比较研究.食品研究与开发,2014(21):1-6.

王二雷,陈晶晶,刘静波.蓝莓花青素糖苷和苷元制备技术及其抗氧化活性研究.现代食品科技,2016(10):175-181.

王晓宇,杜国荣,李华.抗氧化能力的体外测定方法研究进展.食品与生物技术学报,2012,31(3):29-34.

吴朝霞,王媛,张琦,等.改进的 DPPH 法测定葡萄籽原花青素抗氧化能力研究.中国酿造,2008(20):77-79.

吴涛.花色苷对肥胖的干预及其相关机理的研究.杭州:浙江大学,2014.

薛宏坤,谭佳琪,刘钗,等.'巨峰'葡萄皮花色苷的分离纯化、结构鉴定及抗肿瘤活性.食品科学,2020,41(5):39-48.

于海宁,沈生荣.铜离子与儿茶素的相互作用,中国茶叶学会第三届海峡两岸茶叶学术研讨会论文集.长沙:中国茶叶学会,2003:220-225.

张波.杨梅花色苷对胰岛细胞氧化应激损伤的保护作用及其机制探讨.杭州:浙江大学,2010.

张国坤.花楸花色苷对衰老的干预作用及机制研究.沈阳:辽宁大学,2017.

张静,米佳,禄璐,等.黑果枸杞花色苷提取物对胰脂肪酶活性的影响.食品科学,2020,41(5):8-14.

章萍萍.紫薯花色苷的提取、纯化及其抗氧化和益生元活性研究.合肥:合肥工业大学,2017.

赵静.笃斯越桔花色苷降血脂功能的研究.哈尔滨:东北林业大学,2011.

Aboonabi A, Aboonabi A. Anthocyanins reduce inflammation and improve glucose and lipid metabolism associated with inhibiting nuclear factor-kappa B activa-tion and increasing PPAR-γ gene expression in metabolic syndrome subjects. Free Radical Biology & Medicine,2020,150:30-39.

Adams LS, Sheryl P, Natalie Y, et al. Blueberry phytochemicals inhibit growth and metastatic potential of MDA-MB-231 breast cancer cells through modulation of the phosphatidylinositol 3-kinase pathway. Cancer Research,

2010,70:3594.

Anwar S,Speciale A,Fratantonio D,et al. Cyanidin-3-O-glucoside modulates intracellular redox status and prevents HIF-1 stabilization in endothelial cells in vitro exposed to chronic hypoxia. Toxicology Letters,2014,226(2):206-213.

Braga PC,Scalzo RL,Sasso MD,et al. Characterization and antioxidant activity of semi-purified extracts and pure delphinidin-glycosides from eggplant peel (*Solanum melongena* L.). Journal of Functional Foods,2016:411-421.

Burton LJ,Smith BA,Smith BN,et al. Muscadine grape skin extract can antagonize Snail-cathepsin *L*-mediated invasion,migration and osteoclastogenesis in prostate and breast cancer cells. Carcinogenesis,2015,36(14):97-106.

Chang YC,Huang HP,Hsu JD,et al. Hibiscus anthocyanins rich extract-induced apoptotic cell death in human promyelocytic leukemia cells. Toxicology & Applied Pharmacology,2005,205(3):201-212.

Choi KH,Lee HA,Park MH,et al. Mulberry(*Morus alba* L.)fruit extract containing anthocyanins improves glycemic control and insulin sensitivity via activation of AMP-activated protein kinase in diabetic C57BL/Ksj-db/db mice. Journal of medicinal food,2016,19(8):737-745.

Cnop M,Welsh N,Jonas JC,et al. Mechanisms of pancreatic beta-cell death in type 1 and type 2 diabetes:Many differences,few similarities. Diabetes,2002,2(2):97-107.

Davidson KT,Zhu ZW,Bai Q,et al. Blueberry as a potential radiosensitizer for treating cervical cancer. Pathology & Oncology Research,2019,25:1-88.

Driscoll KM,Deshpande A,Datta R,et al. Anti-inflammatory effects of northern highbush blueberry extract on an *in vitro* inflammatory bowel disease model. Nutrition and Cancer,2020,72(7):1178-1190.

Faria A,Pestana D,Teixeira D,et al. Blueberry anthocyanins and pyruvic acid adducts:anticancer properties in breast cancer cell lines. Phytotherapy Research,2010,24:1862-1869.

Guo HH,Ling WH,Wang Q,et al. Effect of anthocyanin-rich extract from black rice(*Oryza sativa* L. indica)on hyperlipidemia and insulin resistance in fructose-fed rats. Plant Foods for Human Nutrition,2007,62:1-6.

Ha U,Bae WJ,Su JK,et al. Anthocyanin induces apoptosis of DU-145 cells *in vitro* and inhibits xenograft growth of prostate cancer. Yonsei Medical

Journa,2015,56(1):16-23.

Haseeb A,Chen D,Haqqi TM. Delphinidin inhibits IL-1β induced activation of NF-κB by modulating the phosphorylation of IRAK-1(Ser376)in human articular chondrocytes. Rheumatology,2013,52(6):998-1008.

Horaedo-Ortega R,Krisa S,Garda-Parrilla MC,et al. Effects of gluconic and alcoholic fermentation on anthocyanin composition and antioxidant activity of beverages made from strawberry. LWT-Food Science and Technology,2016,69: 382-389.

Hou DX,Kai KK,Li JJ,et al. Anthocyanidins inhibit activator protein 1 activity and cell transformation: structure-activity relationship and molecular mechanisms. Carcinogenesis,2004,25(1): 29-36.

Hou DX,Yanagita T,Uto T,et al. Anthocyanidins inhibit cyclooxygenase-2 expression in LPS-evoked macrophages: structure-activity relationship and molecular mechanisms involved. Biochemical Pharmacology, 2005, 70 (3): 417-425.

Huang X,Liu G,Guo J,et al. The PI3K/AKT pathway in obesity and type 2 diabetes. International Journal of Biological Sciences,2018,14(11):1483-1496.

Huseini H F,Hasanirnjbar S,Nayebi N,et al. *Capparis spinosa* L.(Caper) fruit extract in treatment of type 2 diabetic patients:a randomized double-blind placebo-controlled clinical trial. Complementary Therapies in Medicine,2013, 21 (5):447-452.

Jeong JW,Lee WS,Shin SC,et al. Anthocyanins downregulate lipopolysaccharide-induced inflammatory responses in BV2 microglial cells by suppressing the NF-κB and Akt/MAPKs signaling pathways. International Journal of Molecular Sciences,2013, 14(1): 1502-1515.

Jing P,Bomser JA,Schwartz SJ,et al. Structure function relationships of anthocyanins from various anthocyanin rich extracts on the inhibition of colon cancer cell growth. Journal of Agricultural and Food Chemistry,2008,56(20): 9391-9398.

Kang NJ,Lee Kw,Kwon JY,et al. Delphinidin.attenuates neoplastic transformation in JB6 C141 mouse epidermal cells by blocking Raf/TMitogen-activated protein kinase kinase/extracellular signal-regulated kinase signaling. Cancer Prevention Research,2008,1(7):522-531.

Karaayak PE, El SN. Inhibitory effects of bioaccessible anthocyanins and procyanidins from apple, red grape, cinnamon on α-amylase, α-glu-cosidase and lipase. International Journal for Vitamin and Nutrition Research, 2020(7):1-9.

Kato M, Tani T, Terahara N, et al. The anthocyanin delphinidin 3-rutinoside stimulates glucagon-like peptide-1 secretion in murine GLUTag cell line via the Ca^{2+}/calmodulin dependent kinase II pathway. Pios One, 2015, 10(5):e0126157.

Kausar H, Jeyabalan J, Aqil F, et al. Beny anthocyanidins synergistically suppress growth and invasive potential of human non-small-cell lung cancer cells. Cancer Letters, 2012, 325(1):54-62.

Kim SM, Mi JC, Ha TJ, et al. Neuroprotective effects of black soybean anthocyanins via inactivation of ASK1-JNK/p38 pathways and mobilization of cellular sialic acids. Life Sciences, 2012, 90(21-22):874-882.

Laksmiani NPL, Widiastari MI, Reynaldi KR. The inhibitory activity of peonidin purple sweet potato in human epidermal receptor-2 receptor (her-2) expression by in silico study. Journal of Physics: Conference Series, 2018, 1040(1):012010.

Le MB, Anhe FF, Varin TV, et al. Probiotics as complementary treatment for metabolic disorders. Diabetes Metab J, 2015, 39(4):448-449.

Lee JS, Kim YR, Song IG, et al. Cyanidin-3-glucoside isolated from mulberry fruit protects pancreatic β-cells against oxi-dative stress-induced apoptosis. International Journal of Molecular Medicine, 2015, 35(2):405-412.

Lee M, Richard SS, Park Y, et al. Anthocyanin rich-black soybean testa improved visceral fat and plasma lipid profiles in overweight/obese Korean adults:a randomized controlled trial. Journal of Medicinal Food, 2016, 19(11):995-1003.

Lee SG, Vance TM, Nam TG, et al. Contribution of anthocyanin composition to total antioxidant capacity of berries. Plant Foods Hum Nutr, 2015, 70(4):427-432.

Lee SH, Park SM, Park SM, et al. Induction of apoptosis in human leukemia U937 cells by anthocyanins through down-regulation of Bel-2 and activation of caspases. International Journal of Oncology, 2009, 34(4):1077-1083.

Lim S, Xu J, Kim J, et al. Role of anthocyanin enriched purple fleshed sweet potato p40 in colorectal cancer prevention. Molecular Nutrition & Food Research, 2013,

57(11):1908-1917.

Liu J, Zhou J, Wu Z, et al. Cyanidin 3-O-β-glucoside ameliorates ethanol-induced acute liver injury by attenuating oxidative stress and apoptosis: the role of SIRT1/FOXO1 signaling. Alcoholism: Clinical and Experimental Research, 2016, 40(3):457-466.

Liu-smith F, Meyskens FL. Molecular mechanisms of flavonoids in melanin synthesis and the potential for the prevention and treatment of melanoma. Molecular Nutrition & Food Research, 2016, 60(6):1264-1276.

Long Y, Chen CY, Jin X, et al. Structural requirements of anthocyanins in relation to inhibition of endothelial injury induced by oxidized low-density lipoprotein and correlation with radical scavenging activity. FEBS Letters, 2010, 584(3):583-590.

Malik M, Zhao C, Schoene N, et al. Anthocyanin-rich extract from Aronia meloncarpa E induces a cell cycle block in colon cancer but not normal colonic cells. Nutrition & Cancer, 2003, 46(2):186-196.

Martineau LC, Couture A, Spoor D, et al. Antidiabetic properties of the Canadian lowbush blueberry *Vaccinium angustifolium* Ait. Phytomedicine, 2006, 13(9):612-623.

Matchett MD, Mackinnon SL, Sweeney MI, et al. Blueberry flavonoids inhibit matrix metalloproteinase activity in DU145 human prostate cancer cells. Biochemistry & Cell Biology, 2005, 83:637-643.

Miller NJ, Rice-evamns C, Davies MJ, et al. A novel method for mearing antioxidant capacity and its application to monitoring the antioxidant status in premature neonates. Clin Sc, 1993(84):407-412.

Miyake S, Takahashi N, Sasaki M, et al. Vision preservation during retinal inflammation by anthocyanin-rich bilberry extract: cellular and molecular mechanism. Laboratory investigation: a journal of technical methods and pathology, 2011, 92(1):102-109.

Ou BX, Huang DJ, Hampsch-woodill M, et al. Analysis of antioxidant activities of common vegetables employing oxygen radical absorbance capacity (ORAC) and ferric reducing antioxidant power (FRAP) assays: a comparative study. J Agr Food Chem, 2002, 50(11):3122-3128.

Rehman SU, Shah SA, Ali T, et al. Anthocyanins reversed D-galatoseinduced oxidative stress and neuroinflammation mediated cognitive impairment in adult rats. Molecular Neurobiology,2017,54(1):255-2710.

Rouanet JM,Decorde K,DelRio D,et al. Berry juices,teas,antioxidants and the prevention of atherosclerosis in hamsters. Food Chemistry,2010,118(2):266-271.

Roy M,Sen S,Chakraborti AS. Action of pelargonidin on hyperglycemia and oxidative damage in diabetic rats:Implication for glycation-induced hemoglobin modification. Life Sciences,2008,82(21-22):1102-1110.

Scampicchio M,Wang J,Blasco AJ,et al. Nanoparticle-based assays of antioxidant activity. Anal. Chem,2006,78(6):2060-2063.

Sezer ED,Oktay LM,Karadadas E,et al. Assessing anticancer potential of blueberry flavonoids,quercetin,kaempferol,and gentisic acid,through oxidative stress and apoptosis parameters on HCT-116 cells. Journal of Medicinal Food, 2019,22(11):1118-1126.

Shih PH,Hwang SL,Yeh CT,et al. Synergistic effect of cyanidin and PPAR agonist against nonalcoholic steatohepatitis-mediated oxidative stress-induced cytotoxicity through MAPK and Nrf2 transduction pathways. J Agric Food Chem,2016,60(11):2924-2933.

Shih PH, Chan YC, Liao JW, et al. Antioxidant and cognitive promotion effects of anthocyanin-rich mulberry(*Morus atropurpurea* L.) on senescence-accelerated mice and prevention of Alzheimer's disease. Journal of Nutritional Biochemistry,2010,21(7):598-605.

Skates E,Overall J,Dezego K,et al. Berries containing anthocyanins with enhanced methylation profiles are more effective at ameliorating high fat diet-induced metabolic damage. Food and Chemical Toxicology,2018,111:445-453.

Sorrenti V,Vanella L,Acquaviva R,et al. Cyanidin induces apoptosis and differentiation in prostate cancer cells. International Journal of Oncology,2015,47(4):1303-1310.

Srivastava A,Akoh CC,Fischer J,et al. Effect of anthocyanin fractions from selected cultivars of Georgia-grown blueberries on apoptosis and phase II enzymes. J Agric Food Chem,2007,55:3180-3185.

Subash S,Essa M,Awlad-Thani K,et al. Memory deficits and learning skills improved in transgenic mouse model of Alzheimer's disease after date-rich diet supplementation. Ghana Journal of Forestry,2014,28(51):26-30.

Sugimoto E, Igarachi K, Kubo K, et al. Protective effects of boysenberry anthocyanins on oxidative stress in diabetic rats. Food Science and Technology Research, 2003, 9(4): 345-349.

Sun XF, Du M, Navarre DA, et al. Purple potato extract promotes intestinal epithelial differentiation and barrier function by activating AMP-activated protein kinase. Molecular Nutrition & Food Research, 2017, 62(4): 1700536.

Syed DN, Afaq F, Sarfaraz S, et al. Delphinidin inhibits cell proliferation and invasion via modulation of Met receptor phosphorylation. Toxicology & Applied Pharmacology, 2008, 231(1): 52-60.

Tang L, Zuo HJ, Li S. Comparison of the interaction between three anthocyanins and human serum albumin. Journal of Luminescence, 2014, 153(3): 54-63.

Teller N, Thiele W, Boettler U, et al. Delphinidin inhibits a broad spectrum of receptor tyrosine kinases of the ErbB and VEGFR family. Molecular Nutrition & Food Research, 2009, 53(9): 1075-1083.

Thoppil RJ, Bhatia D, Bames KF, et al. Black currant anthocyanins abrogate oxidative stress through Nrf2-mediated antioxidant mechanisms in a rat model of hepatocellular carcinoma. Current Cancer Drug Targets. 2012, 12(9): 1244-1257.

Wang H, Cao GH, Prior RL. Oxygen radical adsorbing capacity of anthocyanins. Journal of Agricultural and Food Chemistry, 1997, 45(2): 304-309.

Wu Y, Zhou Q, Chen X Y, et al. Comparison and screening of bioactive phenolic compounds in different blueberry cultivars: Evaluation of anti-oxidation and α-glucosidase inhibition effect. Food Research International, 2017, 100(1): 312-324.

Yang ZD, Zhai WW. Identification and antioxidant activity of anthocyanins extracted from the seed and cob of purple corn(*Zea mays* L.). Innovative Food Science & Emerging Technologies, 2010, 11(1): 169-176.

You M, Cai Y, Fan Z, et al. Protective effect of Cy-3G on PC12 cells against beta-amyloid-induced apoptosis and the possible mechanism. International Journal of Clinical & Experimental Medicine, 2017, 10(3): 4565-4573.

Zhang B, Kang M, Xie Q, et al. Anthocyanins from Chinese bayberry extract protect β cells from oxidative stress-mediated injury via HO-1 upregulation. Journal of Agricultural and Food Chemistry, 2011, 59(2): 537-545.

Zhang X, Yang Y, Wu ZF, et al. The modulatory effect of anthocyanins from purple sweet potato on human intestinal microbiota *in vitro*. Journal of Agricultural and Food Chemistry, 2016, 64(12): 2582-2590.

Zhao L, Zou T, Gomez NA, et al. Raspberry alleviates obesity-induced inflammation and insulin resistance in skeletal muscle through activation of AMP-activated protein kinase(AMPK)α1. Nutrition and Diabetes, 2018, 8(1): 39-46.

Zhou F, Wang T, Zhang BL, et al. Addition of sucrose during the blueberry heating process is good or bad? Evaluating the changes of anthocyanins/anthocyanidins and the anticancer ability in HepG-2 cells. Food Research International, 2018, 107: 509-517.

Zielinska D, Szawara nowak D, Zielinski H. Comparison of spectrophotometric and electrochemical methods for the evaluation of the antioxidant capacity of buckwheat products after hydrothermal treatment. J Agr Food Chem, 2007, 55(15): 6124-6131.

第5章　特色粮食作物花色苷

特色粮食作物包括彩色小麦、黑玉米、五彩水稻、紫甘薯及紫色马铃薯等,是大宗作物中极具特色和营养的品种。现代营养学研究表明,食物的天然颜色与其营养功能密切相关,有些粮食颜色越深,其营养越丰富,结构越平衡合理。特色粮食作物的蛋白质、氨基酸、矿物质含量普遍高于普通粒色粮食,同时富有一定的保健功能,具有抗氧化、抗突变及预防肿瘤功能的花色苷类物质,是不可多得的营养保健食品。

5.1　彩色小麦

小麦(*Triticum aestivum* L.)属禾本科(Gramineae)小麦属(*Triticum* L.)。小麦是三大谷物之一,两河流域是世界上最早栽培小麦的地区,中国是世界最早种植小麦的国家之一。彩色小麦为特殊粒色的小麦,有灰、紫、蓝、绿等颜色,是珍贵的种质资源,是培育小麦新品种的基础。早在 1990 年我国就开始了黑小麦的选育工作,1996 年我国黑小麦之父孙善澄教授采用远缘杂交育成黑小麦 76 号,是我国第一个通过审定的黑小麦品种,填补我国黑色食品中没黑小麦的空白。之后,经引种、杂交育种,我国成功选育十几个黑小麦品种(裴自友等,2002)。小麦的籽粒由胚和胚乳组成,胚乳外覆盖有果皮、种皮和糊粉层 3 层组织,这些组织层中沉积的色素不同形成了不同的粒色,一般有红、白或琥珀色,也有一些小麦品种呈现黑色、紫色和蓝色。小麦籽粒颜色主要由遗传基因决定,同时还受环境如光照、温度和施肥等条件的影响。紫粒粒色深浅有别,有些紫粒粒色几乎是黑色;而同一基因控制的蓝粒也可分为浅蓝、中蓝、深蓝 3 类。

彩色小麦籽粒中含有大量天然色素,使其成为天然花色苷类色素的新资源,引起了人们高度重视。小麦不仅是人类和动物营养的主要来源,同时小麦籽粒中还含有体外抗氧化的生物活性物质,由于小麦籽粒含有的抗氧化物质活性较高,小麦已成为抵抗疾病促进健康的活性物质重要的膳食来源。

5.1.1　彩色小麦花色苷

1. 彩色小麦中花色苷提取与纯化

溶剂提取法是经常被用来提取植物中所含花色苷的手段。唐晓珍等(2008)对几种彩色小麦优化的提取条件大致相同,使用酸化乙醇从中溶出花色苷,提取液的 λ_{max} 都在530 nm左右,优化后的提取工艺为:pH 1.0、提取温度60 ℃、提取时间1 h。李伟等(2011)采用酸化乙醇来提取彩色小麦花色苷,使用黑粒小麦麸皮为原料,经过优化以后获得的工艺为: λ_{max} 525 nm,40％乙醇浓度,料液比1∶20(g/mL),温度70 ℃,时间1 h,提取次数为两次,提取效果最佳。赵善仓等(2011)采用超声波法从全麦粉中提取花色苷。称取全麦粉2.00 g加入10 mL 90％甲醇水溶液(含0.5％的甲酸),超声振荡提取10 min,2 000 r/min离心5 min,重复提取3次,40℃条件下减压浓缩去除甲醇,然后在40℃水浴条件下氮吹,尽量除尽甲醇,再加入5 mL 0.1％甲酸的酸化水,旋涡振荡,使色素完全溶于水中,待净化处理。SPE C18预先用0.1％甲酸的酸化甲醇5 mL,接着用0.1％甲酸的酸化水5 mL活化,上样,C18吸附花色苷,然后用0.1％甲酸的酸化水10 mL清洗柱子,最后用含0.1％甲酸的酸化甲醇5 mL洗脱花色苷,然后在40 ℃水浴的氮吹仪上氮吹干。用2 mL含0.1％甲酸的酸化水溶解沉淀,过0.22 μm滤膜过滤,然后用于液相色谱质谱鉴定。

2. 彩色小麦中花色苷的分离与鉴定

花色苷在正离子源条件下,特征的离子为准分子离子 $[M+H]^+$ 和失去糖基后的碎片离子 $[M+H-X]^+$,由于花青苷本身带有正电荷,所观察到的准分子离子为 $[M]^+$ 和失去糖基后的碎片离子 $[M-X]^+$ 。未衍生化的糖苷配基主要有6种,即天竺葵色素(Pg), $m/z=271$;矢车菊色素(Cy), $m/z=287$;飞燕草色素(Dp), $m/z=303$;芍药色素(Pn), $m/z=301$;牵牛花色素(Pt), $m/z=317$;锦葵色素(Mv), $m/z=331$ 。通过碎片离子 $[M-X]^+$ 中的X值可以了解糖的性质。如对照品天竺葵色素-3-葡萄糖苷在ESI正离子模式得 m/z 433.24和 m/z 271.34, $m/z=$ 271.34表明花色苷苷元为天竺葵色素,433-271=162,表明一个糖基为己糖。正离子源条件下不能区分未知花色苷连接的己糖是葡萄糖还是半乳糖,也不能判断糖基所连接的位置,如需进一步区分需要与对照品进行比较,比较其在色谱上的保留时间和紫外吸收光谱特性。其他如失去 $m/z=248$ 表明有一个丙二酰葡萄糖苷, $m/z=262$ 表明有一个丁二酰葡萄糖苷, $m/z=308$ 表明有一个芦丁苷, $m/z=$ 324表明有一个二糖苷, $m/z=348$ 表明有一个丙二酰丁二酰葡萄糖苷, $m/z=362$

表明有一个双丁二酰葡萄糖苷。

紫外吸收光谱特性对于糖苷配基的研究也具有重要的参考价值,研究表明,以天竺葵色素(Pg)为糖苷配基的花色苷类化合物的紫外最大吸收波长为 502～506 nm,矢车菊色素(Cy)为 512～520 nm、飞燕草色素(Dp)为 525 nm、芍药色素(Pn)为 517～520 nm、牵牛花色素(Pt)为 526～529 nm 和锦葵色素(Mv)为 530 nm。对于同一个糖基连接不同的花青素苷元,在液相色谱上的保留时间顺序为飞燕草色素、矢车菊色素、牵牛花色素、天竺葵色素、芍药色素、锦葵色素。

HPLC-ESI-TOF-MS/MS 是目前用于花色苷鉴定最常见的方法,因为时间短,扫描速度快,ESI 的正离子模式为鉴定化合物中应用最广泛的方法。应用液相色谱串联质谱法,通过液相色谱分离,质谱进行全扫描、母离子扫描、子离子扫描对彩色小麦籽粒中的花色苷进行分离与鉴定。子离子扫描具有选择性,质谱中的子离子只来自特定的母离子,通过分析母离子的特征碎片以获得化合物的结构信息,也有助于从复杂的样品中获得辅助的结构信息。子离子扫描技术已被广泛应用于花色苷的鉴定及表征。其他的扫描技术如:母离子扫描质谱中所有的母离子只能来自产生相同子离子特定的母离子,母离子扫描技术用以确证子离子扫描所获得的结构信息;中性碎片丢失扫描用以确定哪些化合物具有相同的裂解规律;应用全扫描寻找花色苷的特征母离子。这些技术的应用对于复杂基质中不同的花色苷化合物鉴定及表征提供有力的技术手段。

Abdel-Aal 等(1999)应用 hunter Lab 色差仪对蓝、紫粒小麦花色苷总量进行测定,结果表明蓝粒小麦全麦中花色苷总量为 157 mg/kg,麸皮中含量为 458 mg/kg,紫粒小麦全麦中花色苷总量为 104 mg/kg,麸皮中总量为 251 mg/kg。Abdel-Aal 等(2008)从蓝色小麦中分离出 4 种主要的花色苷,从紫粒小麦中分离出 5 种花色苷,蓝粒小麦籽粒中的主要花色苷是飞燕草色素-3-葡萄糖苷,其次是矢车菊色素-3-葡萄糖苷,后者为紫粒小麦籽粒中花色苷的主要成分。Chun 等(2007)应用HPLC/MS 分析研究黑粒和蓝粒小麦中花青素的性质及其生物活性,表明矢车菊色素-3-葡萄糖苷为蓝、紫粒小麦籽粒色素的主要成分,同时也含有矢车菊色素-3-半乳糖糖苷、天竺葵色素-3-葡萄糖苷、芍药色素-3-葡萄糖苷等。赵善仓等(2011)利用 HPLC-MS-DAD 技术分别对蓝、紫粒小麦及黑粒小麦花色苷进行定性和定量分析,共鉴定出 14 种花色苷单体,包括:飞燕草色素-己糖苷、飞燕草色素-芦丁苷、矢车菊色素-葡萄糖苷、矢车菊色素-芦丁苷、牵牛花色素-芦丁苷、芍药色素-己糖苷、芍药色素-芦丁苷、锦葵色素-芦丁苷、矢车菊色素-丙二酰葡萄糖苷、芍药色素-丙二酰-葡萄糖苷、芍药色素-芦丁苷、锦葵色素-芦丁苷、芍药色素-己糖苷。

5.1.2　彩色小麦的应用

1. 彩色小麦功能性食品的开发

彩色小麦被证实不仅富含蛋白质、赖氨酸,而且微量元素钙、铁、锌、硒、碘等含量均比普通小麦高出很多,具有很高的营养价值,其籽粒中还含有大量的天然色素——花色苷。

刘树兴等(2002)分析比较了黑小麦面粉和普通小麦面粉的各项指标,得出黑小麦比普通小麦具有更高的营养价值和优良的加工品质,并指出黑小麦可加工成面条类制品、膨化食品如黑小麦片、焙烤食品、发酵食品如黑小麦醋、黑小麦饮料等。党斌等(2010)将超微粉碎后的黑小麦麸皮按一定比例添加到黑小麦粉中,适宜加工成高膳食纤维饼干等酥脆类食品。侯娟等(2013)采用超微粉碎技术,处理紫色小麦麸皮并添加到面粉里,制成紫小麦高纤面条。孙元琳等(2014)在不同黑小麦全粉中加入20％特一粉,制作各方面品质优良的馒头,其中以紫粒配粉馒头品质最佳。山西省农科院和河北省馆陶县华野庄园已生产了黑小麦面粉、黑小麦富硒醋、黑小麦富铬面条、黑小麦麦片、黑小麦方便面等产品(张小燕等,2016)。仪鑫(2016)制备阿魏酰低聚糖,采用酶解法酶解黑小麦麸皮制备,阿魏酰低聚糖添加量为7％,制备的黑小麦全谷物膨化食品口感佳、营养丰富。于章龙等(2017)用黑小麦与普通小麦复配来改善普通小麦面粉品质,证明用该复配面粉制作面包品质优于普通小麦粉制作的面包。郭怡琳(2018)用气流膨化技术处理黑小麦麸皮,压强为 0.8 MPa,添加 6％含量的膨化麸皮制作蛋糕,蛋糕口感好,因含有多酚,蛋糕也具备了良好的抗氧化能力。耿然等(2019)制作黑小麦粉馒头,发现黑小麦粉添加量为 25％时,蒸制的馒头口感好,抗氧化性强。杨洋等(2019)用黑小麦添加其他营养成分制成营养冲剂,该营养冲剂抗氧化、稳定性强,货架期长。李楠等(2020)用黑小麦芽和纯牛奶制作酸奶,酸奶成品具有黑小麦芽特有的青草香味和麦香味,且具有强抗氧化性。

2. 彩色小麦花色苷的用途

彩色小麦花色苷,颜色鲜艳、安全性高、稳定性强,具有一定营养价值和生理保健作用。靳明凯(2019)将黑小麦籽粒多酚以 0.02％、0.06％、0.10％ 3 种浓度添加到卤牛肉中,结果显示,添加 0.10％的抗氧化性最强。郝教敏等(2020)用黑小麦多酚提取物与猪肉混合制作猪肉丸,结果显示,该类猪肉丸具有较高的抗氧化性。高向阳等(2015)研究了南阳灰色小麦色素的变色范围与吸收光谱特性,发现灰麦色素是较理想、经济的环保型酸碱指示剂,也可作为天然着色剂和抗氧化剂等食品添加剂加以开发利用。

5.2　黑玉米

黑玉米（*Zea mays* L.）属禾本科（Gramineae）玉蜀黍属（*Zea*），又称为黑糯米、紫玉米。黑玉米是玉米品种中的变种，是籽粒色泽为黑色、紫色玉米的总称，也叫作紫玉米。最开始在秘鲁等地被发现并播种，籽粒的颜色主要呈现紫红略带黑色（朱敏等，2014）。1993 年我国首次引进意大利黑玉米，1994 年在河南陕县引种试验成功，同年培育出我国第一个黑玉米杂交种-黑糯 941。之后，我国经过引种、杂交育种，成功选育几十个黑玉米品种。其中，有硬粒型，如太黑系列品种；有糯质型，如中华黑玉米、意大利黑玉米、南韩黑包公及黑糯系列品种等。黑玉米是玉米栽培种变种，富含花色苷类，呈紫色、蓝色、黑色，统称黑玉米。黑玉米籽粒中蛋白质、脂肪和硒的含量分别是普通玉米的 1.23 倍、1.3 倍和 3～8.5 倍，与普通玉米相比具有更高的营养价值和更好的保健功效。

5.2.1　黑玉米花色苷

1. 黑玉米中花色苷提取与纯化

黑玉米是生产天然花色苷的来源之一，国内外都有研究者研究黑玉米花色苷的提取方法和理化性质，提取方法上主要是醇提法为主，物理方法如超声振荡法为辅，理化性质研究以抗氧化研究为主，但由于黑玉米来源、品种的不同，产生的结果会有一定的差异。

王金亭（2013）介绍了从黑玉米籽粒、穗轴和植株中提取花色苷的方法，并利用大孔吸附树脂吸附纯化得到黑玉米花色苷提取液。张康逸等（2013）利用纤维素酶法提取黑玉米芯色素，纤维素酶可以破坏植物内部细胞膜，释放花色苷并且有耗时短、酶用量少、无毒无害等特点。许志新（2019）采用超高压法对紫玉米穗轴和籽粒花色苷进行提取，以总花色苷含量为评价指标，试验结果表明：超高压力 270 MPa、料液比 1：35（g/mL）、保压时间 2 min，每 100 g 干物质获得穗轴总花色苷含量（743.158±11.304）mg，获得籽粒总花色苷含量为（552.381±9.120）mg。

2. 黑玉米中花色苷的分离与鉴定

Aoki 等（2002）研究秘鲁紫玉米种子，分离出 6 种花色苷，其中矢车菊类占（73.3±4.7）%、芍药色素类占（17.5±5.1）%、天竺葵色素类占（9.3±0.7）%。Jing 等（2007）对南美紫玉米 PM-58（*Zea mays* L. cv. La Molina）穗轴花色苷进行研究，质谱分析初步鉴定出 9 种花色苷，首次发现多酰基化花色苷和黄烷醇-花色苷二聚体,分别命名为:矢车菊色素-3-二丙二酸酰基葡萄糖苷和(E)儿茶素-花青苷-3,5-二葡萄糖苷。许志新(2019)采用 HPLC-MS 法,对紫玉米穗轴和籽粒花色苷种类进行鉴定,其中穗轴中鉴定出 11 种花色苷,籽粒中鉴定出 10 种花色苷,穗轴和籽粒中均含有飞燕草色素-3-O-葡萄糖苷、矢车菊色素-3-O-葡萄糖苷、矢车菊色素-3-丙二酰基葡萄糖苷、牵牛花色素、天竺葵色素、芍药色素-3-O-葡萄糖苷、锦葵色素,穗轴比籽粒多一种花色苷为锦葵色素-3-O-葡萄糖苷。Zhao 等(2008)研究发现紫玉米籽粒主要有 9 种花色苷,分别为矢车菊色素-3-葡萄糖苷、天竺葵色素-3-葡萄糖,芍药色素-3-葡萄糖苷、矢车菊色素-3-丙二酸酰基葡萄糖苷、矢车菊色素-3-丙二酸酰基葡萄糖苷、天竺葵色素-3-丙二酸酰基葡萄糖苷、芍药色素-3-丙二酸酰基葡萄糖苷、矢车菊色素-3-二丙二酸酰基葡萄糖苷、芍药色素-3-二丙二酸酰基葡萄糖苷。

5.2.2　黑玉米的应用

1. 黑玉米功能性食品的开发

黑玉米相比普通玉米,其支链淀粉、还原糖含量高,以黑玉米磨粉制作面食类产品的口感、组织状态明显优于普通玉米,具有较高的应用价值。目前,市场上主要是为以黑玉米粉部分或全部替代小麦粉制作而成的面包、饼干、面条等产品。由于黑玉米具有特殊香气,以黑玉米为主要原料,采用发酵、加气、鲜榨等方式可以生产果汁、碳酸、蛋白等多种类型的饮料,产品保留黑玉米的营养特性,同时具备玉米的香气,酸甜的口感,适合饮用。此外,黑玉米制粉过程的副产物黑玉米胚芽则可以提取,制成具有独特风味的功能性营养保健饮料。黑玉米富含功能性营养成分,未来有望成为良好的特殊医学用途配方食品生产原料。

2. 黑玉米花色苷用途

黑玉米富含花色苷类化合物,是天然色素的主要来源,可作为天然食品添加剂用于食品、药品、化妆品、染色剂等。黑玉米色素对食品、饮料有较强的着色力和稳定性,未来可成为理想的天然食用色素,并具抗肿瘤、延缓衰老、降血压、调节血脂、降血糖等功能。黑玉米色素色泽鲜艳,日本已用作食品添加剂(NO.435),主要用于果汁冷饮(0.02%~0.2%)、糖果(0.05%~0.3%)、果酱(0.02%~0.3%)、胶姆糖(0.1%~0.5%)、腌渍品(0.1%~0.3%)等。黑玉米须、叶、梗、秆等多部位均含有一定量的花色苷。既可生鲜食用,也可提取天然色素,加工成玉米果酒、果奶等功能性食品(陈雪,2022)。鉴于黑玉米籽粒中含有丰富的花色苷,提取后用于化妆品和保健食品的潜力巨大。

5.3　黑米

黑米(*Oryza sativa* L.)属禾本科(Gramineae)稻属(*Oryza*),是一种药、食兼用的大米,属于糯米类。作为重要的优异稻种资源,因其糙米(颖果)的果皮和种皮内富集有天然花色苷类化合物而得名。研究表明,黑米中蛋白质含量比普通的籼米、粳米要高出 20%以上,脂肪含量高出 80%(吴素萍等,2004)。我国黑米分为籼糯、籼粘、粳糯、粳粘 4 种类型,但是以前 3 种类型为主。黑米集色、香、味和营养保健于一身,是我国珍贵的特种稻资源。由于富含对身体有益的微量元素和米皮中含有的花色苷,黑米比普通的精白米或糙白米更具营养保健价值和药用价值。

黑米花色苷属于黄酮多酚类化合物,是由花青素(anthocyanidin)与各种糖以糖苷键结合形成的糖苷存在于黑稻的果实、茎、叶器官的细胞液中。黑米中含有丰富的花色苷,具有抗氧化、抗炎、调节血糖以及抑制肿瘤生成等生理保健功能(陈凌华等,2017)。

5.3.1　黑米花色苷

1. 黑米中花色苷提取与纯化

黑米花色苷的提取多采用水提法、有机溶剂提取法、超声微波辅助提取等方法。酸性乙醇溶液法是提取色素最常用的一种方法,其方便、快捷、简单。张名位等(2006)研究表明浸提剂(乙醇)和浸提温度对色素的浸提率有显著的影响,料液比和浸提时间对浸提率影响不显著,最佳的浸提工艺条件为浸提温度 80℃、浸提时间 30 min、料液比 1∶10(g/mL),浸提剂为体积分数 50%的乙醇溶液。侯方丽等(2009)对分离黑米皮的大孔吸附树脂进行了筛选,确定 AB-8 为最佳树脂,黑米皮经 AB-8 大孔树脂纯化后,其总花色苷含量较纯化前的提高 2.38 倍。赵月等(2017)开展复配生物酶法提取黑米花色苷工艺研究,优化得到最佳工艺条件:α-淀粉酶用量 52 U/g,维素酶用量 480 U/g,料液比 1∶30(g/mL),酶解 pH 6.5,酶解温度 50℃,酶解时间 65 min。在此条件下提取,花色苷得率为 2.09 mg/g。

2. 黑米中花色苷的分离与鉴定

黑米的主要花色苷成分是矢车菊色素-3-葡萄糖苷,另外还含有少量的芍药色素-3-葡萄糖苷(Abdel-Aal 等,2006)。除此以外还检测到少量的矢车菊色素-3-龙胆二糖苷(Hou 等,2013),以及矢车菊色素-3-鼠李糖苷,矢车菊色素-3,5-二葡萄糖苷和矢车菊色素-3-鼠李糖葡萄糖苷(Shao 等,2014)。张名位等(2006)从黑米中分离纯化鉴定了 4 种黑米花色苷,分别是:锦葵色素、天竺葵色素-3,5-二葡萄糖苷、矢车菊色素-3-葡萄糖苷-和矢车菊色素-3,5-二葡萄糖苷。孔令瑶等(2008)采用液质联用技术(LC-MS)与毛细管电泳电化学检测(CE-ED)对黑米色素进行定性分析,结果表明,黑米色素组分分别是矢车菊色素-3-葡萄糖苷和芍药色素-3-葡萄糖苷。唐倩等(2021)应用串联质谱分析,研究表明黑米花色苷均由芍药色素-3-O-葡萄糖苷、矢车菊色素-3-O-葡萄糖苷和锦葵色素-3-O-葡萄糖苷单体构成。

5.3.2　黑米的应用

1. 黑米功能性食品的开发

黑米是一种稀有的水稻种质,富含具有抗氧化特性的花色苷。科学研究已经证实黑米及其提取物可以帮助人类预防或缓解肥胖、高血糖、非酒精性脂肪肝炎、骨质疏松和癌症等慢性疾病。由于黑米的抗氧化和抗炎特性,黑米也可以保护肝脏和肾脏免受损伤。所以黑米是一种有益身体健康的功能性食品,也因此越来越受到消费者和科研人员的青睐。黑米依赖其丰富的营养成分和特殊疗效,具有较高的市场价值。目前,黑米在食品上的开发主要有发酵类食品、发酵乳、发酵饮料及酒品类等。黑米发酵食品有黑米面包、馒头、煎饼等,这些食品具有饱腹感强能量低的特点,深受大家喜欢。在黑米发酵乳方面,有酸奶、混合酸奶等,发酵后的食物易吸收,且口感好,具有广阔的市场前景。黑米作为原材料可以酿造醋、酱油及酒品,其中广为人知的清酒、黄酒和啤酒,气味芬芳,品质上乘。

目前,以黑米为主料(或配料)制作的深加工黑米产品有:风味食品(黑米面包、黑米营养芝麻糊、黑米快餐粉、黑米软糖、黑米快餐粥)、特色黑米酒(朱鹮黑米酒、黑谷酒)、保健饮料(黑米饮料、黑米乳酸菌饮料、黑米果茶)、营养米粉(黑米粉丝、黑米营养米粉)等黑色产品。

2. 黑米花色苷用途

我国黑米资源丰富,黑米深加工和综合利用具有广阔的前景,而黑米色素具有较好的生理活性功能,是一种理想的天然色素,因此食品工业和医药工业对黑米色素的需求量越来越大。黑米花色苷类色素作为一种天然食用色素,对光、热的稳定性均较优良,在酸性介质中显现鲜红色,在中性介质中则显现出暗紫红色,具有较强的着色能力和较高的色价,适合于酒类、饮料、糖果、膨化食品、果冻、糕点和肉食品等的着色(王梦姝等,2017)。同时,黑米色素安全、无毒、无异味、色彩鲜艳、资源丰富,是提高机体免疫力、增强抗病能力的主要物质,在食品生产中被作为功能性食品添加剂或天然食用色素广泛应用。黑米表皮层的色素经工艺手段提取后得到的红色素,极易溶于水和酒精,是食品最安全、可靠的配色剂。也应用于后媒法染色、柞蚕丝绸和桑蚕丝织物染色等,染色后具有较好的耐皂洗和耐摩擦特性,具有广阔的应用前景。

5.4　紫甘薯

紫甘薯［*Ipomoea batatas*（L.）Lam］属旋花科（Convolvulaceae）番薯属（*Ipomoea*）,又名紫薯、黑薯、紫红薯,为一年生草本植物。紫甘薯是由我国科技人员于 20 世纪 90 年代从日本的川崎农场引进并培育成功的一种特有的甘薯品种。目前,紫甘薯多分布在我国的山东、广东、江苏等地。紫甘薯适宜于沙壤土和半沙壤土中种植,我国鲜食型紫甘薯有"宁薯 1 号""济薯 18""徐紫 1 号"和"烟紫 1号";色素型紫甘薯主要有"绫紫""渝紫 263""日本紫薯王""群紫 1 号""彩紫"和"烟紫 176"等。

紫甘薯薯肉呈紫色至深紫色,色泽诱人且具有独特风味,除含有普通甘薯的营养成分外,紫甘薯的块根中含有大量花色苷、多糖、黄酮类和硒等功能性成分,可以增强人体内血液的抗氧化能力,而且能改善血脂、血糖,可以有效保护肝脏,预防心血管疾病,深受广大消费者喜爱(张毅等,2017)。

5.4.1　紫甘薯花色苷

1. 紫甘薯中花色苷提取与纯化

紫甘薯花色苷的提取方法包括溶剂提取、超声、微波辅助提取以及酶解辅助提取等方法,由于成本、设备等,目前工厂大多仍采用传统的溶剂浸提法,但是不同的品种和产地会使得花色苷提取率有较大差异。田喜强等(2014)通过超声辅助法提取紫甘薯花色苷,在单因素的基础上,采用正交试验,得到最佳提取条件为:功率300 W 的超声波,提取时间 60 min,温度 40 ℃,料液比 1∶25(g/mL),乙酸体积分数 15%。在此条件下,紫甘薯花色苷的得率最大。许青莲等(2013)以紫甘薯为原料,探究了超声辅助提取花色苷的最优工艺条件,结果表明,最佳提取条件为:超声时间 15 min,超声温度 60 ℃,超声频率 100 Hz,料液比 1∶10(g/mL),提取剂比例(95%乙醇∶0.1% HCl)45∶55。何传波等(2016)应用响应面实验的方差分析研究出影响紫薯花色苷浸出含量因素的主次顺序是:浸提时间＞料液比＞乙醇浓度。最佳提取条件:乙醇浓度 60%,盐酸浓度 0.10%,浸提时间 127 min,料液比 1∶18(g/mL)。该条件下提取液中花色苷含量为 2.680 mg/g。

2. 紫甘薯中花色苷的分离与鉴定

紫甘薯花色苷有矢车菊色素、芍药色素和天竺葵色素 3 类,主要为酰基花青苷。Zhao 等(2014)通过 HPLC-DAD-ESI/MS 鉴定了紫薯中的花色苷,主要为 5-咖啡酰奎宁酸、6-O-咖啡酰-β-d-呋喃果糖基-(2-1)-α-d-吡喃葡萄糖苷、反式-4,5-二咖啡酰奎宁酸、3,5-二咖啡酰奎宁酸、4,5-二咖啡酰奎宁酸等与花色苷苷元结合。Truong 等(2010)采用 HPLC-DAD/ESI-MS/MS 研究美国 Stokes purple、NC415 和 Okinawa 3 种紫甘薯中花色苷的主要组成,主要由矢车菊色素-3-咖啡酰槐糖苷-5-葡糖苷、芍药色素-3-咖啡酰槐糖苷-5-葡糖苷、矢车菊色素-3-咖啡酰-p-羟基苯甲酰槐糖苷-5-葡糖苷、芍药色素-3-咖啡酰-p-羟基苯甲酰-槐糖苷-5-葡糖苷和芍药色素咖啡酰阿魏酰槐糖苷-5-葡糖苷等。余燕影等(2004)采用反相高效液相色谱法(RP-HPLC)分析川山紫薯的色素主要含矢车菊色素-3-葡萄糖,酰基化酸为绿原酸和芥子酸。江连洲等(2011)采用 HPLC-MS 法鉴定了不同品种紫甘薯中花色苷组成,主要为芍药色素衍生物和矢车菊色素衍生物。

5.4.2 紫甘薯的应用

1. 紫甘薯功能性食品的开发

紫甘薯不仅具有各种保健功能,还具有诱人的色泽和紫甘薯特有的风味,因此,受到大多消费者的青睐,成为许多食品研究人员和科研人员的研究重点。目前,紫甘薯主要用于系列紫薯食品的开发以及某些功能成分的提取。紫甘薯食品主要包括主食类、休闲类、饮料类和酒类。其中,主食类有紫薯面包、紫薯面条和紫薯馒头等;休闲类有紫甘薯果冻、紫甘薯酸奶和紫薯脆片等;饮料类有紫薯乳饮料、紫薯汁和紫薯固体饮料等;紫薯经过酿造制得的紫薯酒具有葡萄酒和黄酒共有的独特风味。

2. 紫甘薯花色苷应用

紫甘薯花色苷由于色彩自然、颜色浓郁,可以作为染色剂添加到饮品中,改善饮品的感官特性,且天然色素的营养功能和生理作用也远远高于人工合成色素。胡廷等(2018)通过两步双酶法制备紫薯饮料,研究花色苷的保留程度时发现,花色苷保留率较高,为 78.40%。徐飞等(2017)在紫薯花色苷固体饮料的研发中发现利用紫甘薯自身的酶系统,在温度为 80 ℃,时间 60 min,喷雾干燥温度 105 ℃,β-环状糊精添加量为 10% 时,生产的固体饮料感官最佳,并且具有保健功效。

紫甘薯花色苷在饼干方面的应用也很广泛,在饼干中混入紫薯粉,可以给饼干着色,提高其营养价值,赋予其独特的紫薯味道。张涛等(2019)通过对紫薯薏米无糖曲奇饼干的工艺研究发现,制作曲奇饼干时,影响饼干品质的因素程度为麦芽糖醇添加量＞紫甘薯添加量＞薏米粉添加量＞黄油添加量,并且因为是无糖饼干,还可以预防龋齿,也适用于糖尿病患者和肥胖症患者。紫甘薯花色苷在其他很多食品中也得到了应用,如紫薯凝固性酸奶、紫甘薯茯苓蛋糕、紫甘薯豆渣丸子、紫薯花生酸奶。

5.5　紫色马铃薯

马铃薯(*Solanlum tuberostum* L.)是茄科(Solanaceae)茄属(*Solanum*)一年生草本植物,又名土豆、洋芋和山药,是一种粮菜兼用的高产作物。紫色马铃薯为彩色马铃薯中的一种,又名紫色土豆、黑土豆,源自南美洲秘鲁。薯形呈长椭圆形,芽眼较小。块茎皮呈紫茄色,剖开后可见似维管束的紫色彩带环形分布,色泽鲜艳,煮食香糯,"面"感强、滋香味好,鲜食可口,风味独特,被称为七彩土豆、紫糯洋芋、袖珍洋芋等。

相比于普通马铃薯,其可提供丰富的色彩,且富含多种多酚、维生素 C 及类胡萝卜素等功能成分,具有抗氧化、抗癌、降血糖、减肥、延缓衰老和改善生活习惯病等多种生理功能(王兰等,2015)。

5.5.1　紫色马铃薯花色苷

1. 紫色马铃薯中花色苷的提取与纯化

花色苷的提取方法已日臻成熟,在实验和生产过程中仍以溶剂法为主。超临界 CO_2 技术、微波技术、液态静高压脉冲电场技术等高新技术的应用大大提高了花色苷提取的质量、产率和效率。目前,花色苷提取方法主要有溶剂提取法、超声波辅助提取法、微波辅助提取法、加压溶剂萃取法、亚临界水提取法、酶法提取法(齐美娜,2013),紫色马铃薯花色苷提取方法主要为溶剂提取法,国外常用的提取剂是盐酸化甲醇、丙酮、硫酸、盐水溶液,国内常用的是盐酸乙醇、柠檬酸和盐酸甲醇。童丹等(2015)比较不同提取剂对定西地产'黑美人'马铃薯花色苷提取率的影响,结果表明,用体积分数为 0.5％盐酸乙醇作为提取溶剂,花色苷提取率最高。杨玲等(2008)比较'紫罗兰'马铃薯的提取条件和稳定性,发现 95％乙醇和 1.5 mol/L 盐酸提取液提取效果最好。刘建垒等(2009)对影响马铃薯花色苷提取的因素进行正交试验,得到最佳的提取条件中提取剂为体积分数为 70％的乙醇。王立江等(2014)采用 70％ 乙醇溶液提取紫色马铃薯花色苷,提取液中花色苷含量为 20.31 $\mu g/mL$。

花色苷分离纯化的方法主要是固相萃取法、大孔树脂纯化法、制备型高效液相色谱法、高速逆流色谱和膜分离技术等，紫色马铃薯花色苷分离纯化方法常用的是前3种。杨智勇等（2013）采用D101、HDP100A、HDP450A、NK-9、AB-8这5种大孔吸附树脂对紫色马铃薯花色苷的吸附与解析特性进行了比较分析，结果表明，AB-8大孔树脂具有较好的吸附和解析能力，是纯化紫色马铃薯花色苷的最佳树脂。张勇等（2012）比较了5种大孔吸附树脂对"黑美人"土豆色素的吸附和解吸效果，研究了AB-8树脂对"黑美人"土豆色素的静态吸附和解吸性能。结果表明，"黑美人"土豆色素在AB-8树脂上吸附平衡时间为8 h，解吸平衡时间为2 h，在吸附液pH 3.0、温度为40 ℃时吸附能力最强；以pH 3.0的90%的乙醇为洗脱液解吸效果较好。经AB-8大孔吸附树脂纯化后的色素色价比粗品提高了8.4倍。

2. 紫色马铃薯中花色苷分离与鉴

紫色马铃薯品种中，根据不同的品种，所含有的主要花色苷类型有所不同。'SaladBlue''Valfi''Blue Congo''紫云1号''云薯303''S03-2685''S06-1693''S05-603'和'师大6号'等紫肉品种主要含有牵牛花色素，'Vitelotte'品种则含有两种主要的花色苷锦葵色素和牵牛花色素（殷丽琴等，2015和罗弦，2013）。辛雪等（2019）采用高效液相色谱-二极管阵列检测器-四级杆-飞行时间质谱技术初步鉴定出紫马铃薯中的13种花色苷：牵牛花色素-3-芸香糖-5-葡萄糖苷、牵牛花色素-3-（顺）对香豆酰芸香糖苷-5-葡萄糖苷、飞燕草色素-3-葡萄糖苷、天竺葵色素-3-α葡萄糖苷、矢车菊色素-3-对香豆酰芸香糖苷-5-葡萄糖苷、牵牛色素-3-葡萄糖苷、牵牛花色素-3-对香豆酰芸香糖苷-5-葡萄糖苷、天竺葵色素-3-对香豆酰芸香糖苷-5-葡萄糖苷、矢车菊色素-3-葡萄糖苷、芍药色素-3-对香豆酰芸香糖苷-5-葡萄糖苷、锦葵色素-3-对香豆酰芸香糖苷-5-葡萄糖苷、芍药色素-3-阿魏酰芸香糖苷-5-葡萄糖苷、天竺葵色素-3-芸香糖苷-5-葡萄糖苷。崔倩（2011）通过花色苷的紫外-可见图谱和液相-质谱分析，初步推测紫马铃薯花色苷中两种主要的花色苷为牵牛花色素-3-对香豆酰-吡喃鼠李糖-葡萄糖苷-5-葡萄糖苷和芍药色素-3-对香豆酰-吡喃鼠李糖-葡萄糖苷-5-葡萄糖苷，均为酰基化的相对稳定的花色苷，结构相似。

5.5.2 紫色马铃薯应用

1. 紫色马铃薯功能性食品开发

紫色马铃薯相比于普通马铃薯，其可提供丰富的色彩，且富含多种多酚、维生素C及类胡萝卜素等功能成分，具有抗氧化、抗癌、降血糖、减肥、延缓衰老和改善生活习惯病等多种生理功能，可以开发出多种营养价值高的功能性食品。刘家艳等（2013）和童丹等（2020）以紫色马铃薯全粉、豆奶粉和白砂糖等为原料，开发了紫色马铃薯营养粉配方及加工技术,获得了食用品质及营养品质均优异的产品。陈杰华(2012)开发了淋饭法和喂饭法相结合的紫色马铃薯保健酒的酿造工艺,相比于传统的摊饭法酿造,花色苷的含量提高了3倍,且酒的风味、色泽均有显著提高。陈杰华等(2012)还采用淀粉酶、果胶酶处理获得紫色马铃薯酶解液,再与蜂蜜等复配后获得具有一定功效的功能性饮品。林学泰等(2008)以紫色马铃薯为原料,研制出一种具有肥胖抑制活性的新型保健功能食品,适用于肥胖人群。

2. 紫色马铃薯花色苷应用

紫色马铃薯富含的花色苷使其具有抗癌、抗氧化、降脂、降血糖等生理活性,成为众多学者研究热点,又因为它耐寒耐旱、适应性强、资源丰富,故在食品、药品、化妆品行业具有很大的应用前景。

随着食品工业的快速发展和对化学合成色素安全性质疑的不断增加,天然色素的开发成为食品领域的研究热点。基于清除体内自由基的功效,花色苷作为一种抗氧化功能食品由于不受作为药物需有明确适应证的限制,其应用范围越来越大。在食品工业中主要应用于清凉饮料、水果蜜饯、糖果(高度煮沸糖果、明胶果冻)、乳制品及干混食品等休闲食品、保健食品中。花色苷添加于食品中,不仅赋予食品五彩缤纷的色泽,更能增强食品抗氧化性,有益人体健康。另外,花色苷具有很好的生物利用度,易与胶原蛋白结合,稳定细胞膜以及抗酶活性(组胺脱羧酶),这些特点与抗氧化能力协作,使花色苷成为一种基于清晰理论基础和严格实验结果之上的保健功能食品添加剂。

花色苷的特殊抗氧化活性和清除自由基的能力为其在化妆品领域中的应用开辟了广阔的应用前景。法国已开发出含花色苷的晚霜、发乳和漱口水;日本Yamaskosh研制了含花色苷的可使皮肤亮洁的油性化妆品。我国也有公司在开发紫色马铃薯黑夜白面膜,初步试验具有抗皱、提亮肤色、抗氧化、美白、补水等功效。

花色苷对许多疾病的预防和治疗价值已被普遍认同。法国、德国、罗马尼亚等国家都有用于疾病治疗的花色苷制剂,并获得专利保护。我国虽然研究较晚,但随着医药、化工技术的发展,并结合我国传统中医药技术,必将促进花色苷在医药中的开发应用。

参考文献

陈杰华,蒋益虹,王颖滢,等. 酶法生产紫马铃薯饮料的工艺研究. 中国食品学报,2012,12(4):57-64.

陈杰华. 新型紫马铃薯功能性食品工艺研究. 杭州:浙江大学,2012.

陈凌华,程祖锌,许明.黑米花色苷的功效.现代食品,2017,2(10):8-11.

陈雪,王向东,张军,等.黑甜玉米花青素提取方法研究及应用.玉米科学,2022,30(1):108-114.

崔倩.紫马铃薯花色苷的提取纯化和结构鉴定.杭州:浙江大学,2011.

党斌,杨希娟,张国权.粮食与油脂.超微黑小麦麸皮粉与黑小麦面粉混合粉加工品质特性研究,2010(9):20-23.

高向阳,朱盈蕊,高遒竹,等.南阳灰色小麦色素的变色范围与吸收光谱特性.粮油食品科技,2015,23(5):68-71.

耿然.黑小麦花色苷特性分析及其全麦粉馒头品质研究.邯郸:河北工程大学,2019.

郭怡琳.气流膨化黑小麦麸皮功能特性及其应用研究.杨凌:西北农林科技大学,2018.

郝教敏,杨文平,靳明凯,等.黑麦多酚提取物对猪肉丸冷藏期间氧化稳定性和品质的影响.食品科学,2020,41(9):175-181.

何传波,米聪,魏好程,等.紫薯花色苷的提取及抗氧化活性研究.热带作物学报,2016,37(5):990-997.

侯方丽,张名位,苏东晓,等.黑米皮花色苷的大孔树脂吸附纯化研究.华南师范大学学报:自然科学版,2009(1):100-104.

侯娟,秦礼康.紫粒小麦高纤面条工艺优化.农产品加工,2013,(2):26-27.

胡廷,冉旭.加工工艺对紫薯饮料淀粉转化率和花青素保留率的影响.食品科技,2018,43(5):101-105.

江连洲,王晰锐,张超,等.HPLC-MS法鉴定不同品种紫甘薯中花色苷组成.中国食品学报,2011,11(5):176-180

靳明凯.黑麦籽粒多酚的提取工艺优化、成分鉴定及其保鲜效果研究.太谷:山西农业大学,2019.

孔令瑶,汪云,曹玉华,等.黑米色素的组成与结构分析.食品与生物技术学报,2008,7(2):25-29.

李楠,郭佳丽.黑小麦芽酸奶工艺优化及其抗氧化活性.食品工业,2020,41(8):26-30.

李伟,唐晓珍,姜媛,等.黑粒小麦麸皮中花色苷的提取及性质研究.中国粮油学报,2011,26(10):12-16.

林学泰,金润洙,金圣勋,等.使用紫色马铃薯的用于肥胖症病人的保健功能食品.韩国:CN101223986,2008-07-23.

刘家艳,曹敏,黄茜,等．紫色马铃薯冲调营养粉配方研制与主要功能成分分析．西南师范大学学报:自然科学版,2013,38(10):51-56.

刘建垒,房岩强,刘聪,等．紫色马铃薯花色苷的提取及性质研究．食品与发酵工业,2009,35(7):179-182.

刘树兴,王旭,屈耀峰．黑小麦营养评价及其加工．粮食与油脂,2002,(10):33-34.

罗弦,杨雄,苏跃,等．彩色马铃薯品种块茎花色苷 HPLC-MS 分析．种子,2013,32(7):30-34.

裴自友,孙玉,孙善澄,等．中国黑小麦研究利用现状．种子,2002(4):42-44.

齐美娜．紫色马铃薯中花色苷的提取、产品研制及其抗氧化活性的研究．哈尔滨:东北农业大学,2013.

孙元琳,崔璨,张陇清,等．黑小麦全麦粉的面团流变学特性及馒头品质的研究．食品工业科技,2014,35(10):146-149.

唐倩,肖华西,孙术国,等．不同种黑米储藏期中花色苷的测定及微观结构分析．中国粮油学报,2021,36(7):123-128.

唐晓珍,刘宾,姜媛,等．酸化乙醇法提取紫色小麦麸皮色素的工艺条件研究.中国粮油学报,2008,23(5):24-27.

田喜强,董艳萍．超声波辅助提取紫薯花青素及抗氧化性研究．中国酿造,2014,33(1):118-122.

童丹,韩黎明,杨新俊．紫色马铃薯颗粒全粉加工关键工艺参数优化．食品研究与开发,2020,41(6):65-72.

童丹,杨声,韩黎明,等．定西地产"黑美人"马铃薯中花青素提取工艺研究．甘肃高师学报,2015,20(5):50-52.

王金亭．天然黑玉米色素研究与应用进展．粮食与油脂,2013(26):44-49.

王兰,邓放明,赵玲艳,等．紫色马铃薯保健功效及其利用研究进展．中国酿造,2015,34:117-119.

王立江,宋丽．黑马铃薯中花色苷的提取工艺研究．中国农机化学报,2014,35(6):204-209.

王梦姝,吕晓玲,赵焕焦,等．黑米花色苷磷脂复合物的制备及生物利用度．食品科技,2017(5):242-245.

吴素萍,徐桂花．试论黑米的营养价值及其应用．食品工业,2004,25(5):5-6.

辛雪．紫马铃薯花色苷的提取纯化及结构鉴定．黑龙江:黑龙江东方学院,2019.

徐飞,钮福祥,孙建,等．紫薯花青素固体饮料生产工艺研究．现代农业科技,

2017(23):243-245.

许青莲,邢亚阁,车振明,等.超声波提取紫薯花青素工艺条件优化研究.食品工业,2013,4:97-99.

许志新.紫玉米穗轴与籽粒花青素的超高压提取、纯化及组分分析研究.长春:吉林农业大学,2019.

杨玲,刘利军,赵永莉.不同提取剂对紫罗兰马铃薯花青素提取含量的影响.石油化工应用,2008,27(5):7-9.

杨洋,孙乾,刘璐,等.黑小麦营养冲剂的物理特性分析.食品工业,2019,40(10):1-4.

杨智勇,李新生,马娇燕,等.大孔树脂分离纯化"黑金刚"紫马铃薯花青苷工艺研究.氨基酸和生物资源,2013,35(1):1-4.

仪鑫.黑小麦阿魏酰低聚糖制备及其全谷物食品研制.太原:山西大学,2016.

殷丽琴,彭云强,钟成,等.高效相色谱法测定8个彩色马铃薯品种中花青素种类和含量.食品科学,2015,36(18):143-147,23.

于章龙,刘瑞,宋昱,等.优质强筋小麦与运黑101复配粉的面包品质研究.麦类作物学报,2017,37(5):632-638.

余燕影,王杉,曹树稳,等.川山紫薯色素提取分离及主要组成成分分析.食品科学,2004,25(11)3:167-170.

张康逸,范运乾,康志敏.等.超声波辅助纤维素酶法提取紫玉米芯色素工艺研究.河南农业科学,2013,42(6):152-155.

张名位,郭宝江,张瑞芬,等.黑米抗氧化活性成分的分离纯化和结构鉴定.中国农业科学,2006,39(1):153-160.

张涛,张娟,肖春玲,等.紫薯薏米无糖曲奇饼干的工艺研究.农产品加工,2019(12):36-40.

张小燕,高遒竹,高向阳.特殊粒色小麦研究进展.粮油食品科技,2016,24(4):7-11.

张毅,钮福祥,孙健,等.不同地区紫薯的花青素含量与体外抗氧化活性比较.江苏农业科学,2017,45(21):205-207.

张勇,李彩霞,麻贝贝,等.大孔吸附树脂纯化"黑美人"土豆色素研究.食品工业科技,2012,33(2):345-348,409.

赵善仓,刘宾,赵领军,等.蓝、紫粒小麦籽粒花色苷组成分析.中国农业科学,2011,43(19):4072-4080.

赵月,江连洲,韩翠萍,等.复配生物酶法提取黑米花色苷工艺研究.中国食品学报,2017,17(10):101-106.

朱敏,史振声,李凤海. 紫玉米籽粒花青素粗提液抗氧化活性研究. 食品工业科技,2014,22(35):87-90.

Abdel-Aal ESM, Abou-Arab AA, Gamel TH, et al. Fractionation of blue wheat anthocyanin compounds and their contribution to antioxidant properties. Journal of Agricultural and Food Chemistry,2008,56(23):11171-11177.

Abdel-Aal ESM, Young JC, Rabalski I. Anthocyanhl composition in black, blue, pink, purple, and red cereal grains. Journal of Agricultural and Food Chemistry,2006,54:4696-4704.

Abdel-Aal ESM, Hucl PA. A rapid method for quantifying total pigments in blue aleurone and purple pericarp wheats. Cereal Chemistry,1999,76:350-354.

Aoki H, Kuze N, Kato Y, et al. Anthocyanins isolated from purple corn. Foods and Food Ingredients,2002,199:41-45.

Chun H, Cai YZ, Li W, et al. Anthocyanin characterization and bioactivity assessment of a dark blue grained wheat (*Triticum aestivum* L. cv. Hedong Wumai) extract. Food Chemistry,2007,104(3):955-961.

Hou ZH, Qin PY, Zhang Y, et al. Identification of anthocyanins isolated from black rice (*Oryza sativa* L.) and their degradation kinetics. Food Research International,2013,50:691-697.

Jing P, Noriega V, Schwartz SJ, et al. Effects of growing conditions on purple corn cob(*Zea mays* L.)anthocyanins. J. Agric. Food Chem.,2007,55:8625-8629.

Shao YE, Xu FF, Sun X, et al. Identification and quantification of phenolic acids and anthocyanins as antioxidants in bran, embryo and endosperm of white, red and black rice kernels(*Oryza sativa* L.). Journal of Cereal Science,2014,59:211-218.

Truong VD, Deighton N, Thompson TR, et al. Characterization of anthocyanins and anthocyanidins in purple-fleshed sweet potatoes by HPLC-DAD/ ESI-MS/MS. Journal of Agricultural and Food Chemistry,2010,58(1):404-410.

Zhao JG, Yan QQ, Xue RY, et al. Isolation and identification of colourless caffeoyl compounds in purple sweet potato by HPLC-DAD-ESI/MS and their antioxidant activities. Food Chemistry,2014,161:22-26.

Zhao X, Corrales M, Zhang C, et al. Composition and thermalstability of anthocyanins from Chinese purplecorn(*Zea mays* L). J. Agric. Food Chem,2008,56(22):10761-10766.

第6章 特色油料作物花色苷

大豆、花生是常见的油料作物,油脂是人体所需的六大营养素之一,在人类的日常饮食中扮演着重要的角色。深色豆类中种子花色苷含量较高,如黑豆、红豆和紫豇豆,黑花生是花色苷含量较为丰富的坚果类食物。黑花生和黑大豆因富含具有抗氧化功能的花色苷类化合物备受人们的关注。

6.1 黑花生

黑花生(*Arachis hypogaea* L.)属豆科(Leguminosae)落花生属(*Arachis*),也称富硒黑花生或黑粒花生。黑花生在中国各地均有种植,主要分布于辽宁、山东、河北、河南、江苏、福建、广东、广西、四川、吉林。黑花生果壳坚硬,外衣呈紫黑色或者暗褐色,籽仁为白色,呈椭圆形,大且饱满(李军华等,2011)。黑花生内含锌、硒、钙等8种微量元素及19种人体所需氨基酸等营养成分,有高蛋白、高硒、高精氨酸、高钾含量的优良特性。钾、锌、硒含量分别比普通花生高19%、48%、101%(刘行等,2017)。蛋白质、钾分别比普通花生高19%、48%。硒元素是人体健康所必需的微量元素,粮食等天然食物硒含量较低,不能满足人体对硒的需求,而黑花生含硒量却高于一般花生90%,有足够的硒满足人体需要。黑花生还富含维生素,主要包括叶酸、维生素 B_1、维生素 B_6、维生素 E 等,其中叶酸有促进骨髓中幼细胞成熟的作用,对孕妇尤其重要;维生素 B_1、维生素 B_6 有保护神经组织细胞的作用;维生素 E 具增强免疫力、延缓衰老和抗癌等功效(黄秀泉,2003)。

黑色素主要存在于黑花生种皮中,黑花生中黑色素的含量是普通花生的20倍以上(林茂等,2011),黑色素可以有效地促进身体血液循环,具有抗氧化、防止紫外线辐射的作用。花色苷是类黄酮,具有独特的功能性,即清除体内自由基、抗肿瘤、增殖叶黄素、抗炎、抗癌等,黑花生种皮花色苷作为一种廉价易得的抗氧化资源,具有十分重要的开发价值和广阔的应用前景。在黑色食品风靡全球的热潮中,作为我国独有的黑花生也走进了大众的日常生活中,受到了消费者的喜爱。

6.1.1　黑花生花色苷

1. 黑花生中花色苷提取与纯化

对黑花生衣的研究主要集中在黑花生衣色素的提取工艺,黑花生色素的提取包括有机溶剂提取法,微波、超声波技术辅助萃取法,酶法等。

赵镇雷等(2022)对 BPSP 的检测条件、稳定性以及最佳提取条件进行了探究,发现 BPSP 在 pH 2～3、520 nm 可见波长时有最佳特征吸收峰,在温度不高于50 ℃、pH 为 2.0 的水溶液中稳定性最好,并且确定其最佳提取条件为 70 ℃下提取 15 min。邵晓芬等(1997)采用醇的水溶液提取了花生衣天然色素。将花生衣原料经水洗除去其中机械杂质后,以醇的水溶液于室温下浸提,重复二次,提取液经过滤,60 ℃真空浓缩,烘干后,粉碎得花生衣红褐色素,提取率达 18%。李楠(2012)采用水浴浸提,通过正交实验考察乙醇浓度、料液比、微波时间和微波温度等对黑花生衣色素提取率的影响,结果表明:乙醇体积浓度为 70%,料液比为1∶50(g/mL),提取功率为 350W,微波时间为 3 min,65 ℃条件下水浴浸提 1 h,测得其 523 nm 处吸光度值为 0.516。酶法提取花生衣色素的具体操作为:在 pH4.7、温度 35 ℃条件下,先用多酚氧化酶处理,再用酸碱处理制取色素。酶法提取法适用于一些被细胞壁包围不易提取的原料,提取率较高。

黑花生衣色素纯化一般用大孔吸附树脂法,王峰等(2007)以'绵新 2 号'黑花生为材料,采用静态吸附和动态吸附法,筛选出对黑花生衣色素吸附和洗脱性能好的大孔树脂,并探讨了大孔树脂纯化黑花生衣色素的工艺条件。结果表明,非极性和弱极性大孔树脂对黑花生衣色素吸附效果较好,其中,HP20 大孔树脂对黑花生衣色素的比上柱量、比吸附量和比洗脱量均明显高于其他几种供试大孔树脂。当上样液的 pH 为 1,上样液花色苷浓度为 10 mg/L,吸附温度为 20 ℃时,HP20 大孔树脂对黑花生衣色素的吸附率较高。采用 80%乙醇作为洗脱剂,用量为 14 倍柱床体积即达到较好的解吸效果。

2. 黑花生中花色苷分离与鉴定

对花色苷的组分分离方法主要有纸层析法、薄板层析法、柱层析法、高效液相色谱法等。王锋(2007)利用柱层析方法对黑花生衣色素进行分离纯化,为下一步的结构鉴定提供条件。柱层析的填料选用一级大孔树脂、聚酰胺和葡聚糖凝胶,并采用高效液相色谱对分离得到的花色苷组分进行纯度检测。黑花生衣粉末,用含50%甲醇(含 0.1%三氟醋酸)浸提,色素液过滤后,40 ℃以下真空浓缩,蒸发掉甲醇后,得到色素浓缩液经过乙酸乙酯萃取后,真空浓缩以脱去有机溶剂,过 XAD-

7HP 大孔树脂柱(3.5 cm×40 cm)吸附后,用 5 倍柱体积蒸馏水洗柱后,再用 50% 甲醇(含 0.1%三氟醋酸)洗脱,洗脱液真空浓缩,蒸发去甲醇后,得到黑花生衣色素粗品(记为色素液 A)。色素液过聚酰胺树脂吸附,50%甲醇(含 0.1%三氟醋酸),真空浓缩,上 Sephadex LH-20 柱(1.6 cm×100 cm),50%甲醇(含 0.1%三氟醋酸)洗脱,得到两个色带,即为 RF1 和 RF2。用自动部分收集器收集洗脱液后,用高效液相色谱检测纯度,合并纯度大于 95%的收集管。RF1 和 RF2 真空冻干成粉末,冷藏备用。

高效液相色谱-质谱联用(HPLC-MS)技术可以充分利用 HPLC 的分离功能,结合 MS 检测的高灵敏性,对花色苷进行结构鉴定,得到花色苷的分子量、分子式及部分基团的性质。核磁共振是指处于外磁场中的物质原子核系统受到相应频率兆赫数量级的射频的电磁波作用时,在其磁能级之间发生的共振跃迁现象。检测电磁波被吸收的情况就可以得到核磁共振波谱。根据核磁共振波谱图上共振峰的位置、强度和精细结构可以研究分子结构。

结合紫外可见光谱、核磁共振波谱、质谱对分离到的黑花生衣色素组分进行分析表明,黑花生种皮中花色苷的组成主要为矢车菊色素-3-槐二糖和矢车菊色素-3-接骨木二糖(Cheng 等,2009 和 Garzon 等,2009),从结构上来看,两者花色苷的糖苷配基均为矢车菊色素,两者的差别仅是矢车菊色素-3-槐二糖的糖基比矢车菊色素-3-接骨木二糖多了一个羟甲基(—CH$_2$OH)。黑花生衣色素中花色苷种类不止两种,还有的在提纯过程中被损失掉。赵善仓等(2015)应用 UPLC/Q-TOF 技术对黑花生种皮中的花色苷进行分离鉴定。共鉴定出 7 种花色苷类化合物,分别为矢车菊色素-槐二糖苷、矢车菊色素-接骨木二糖苷、牵牛花色素-葡糖糖苷、飞燕草色素-接骨木二糖苷、飞燕草色素-己糖苷、牵牛花色素-卢丁苷、矢车菊色素-丙二酰葡萄糖苷。

6.1.2 黑花生应用

1. 黑花生功能性食品开发的意义

黑花生也称富硒黑花生,作为具有推广前景的优良品种,具备高蛋白、高精氨酸、高硒、高钾含量的优良特性。黑花生富含黄酮、二氢黄酮、多糖等多种有效成分,具有抗氧化、抗肿瘤、抗菌、抗炎、降血压、降血脂、降血糖等多种功能。黑花生深加工可以制成黑花生果、黑花生油等系列产品,黑花生与普通花生一样营养丰富,含 18 种氨基酸,人体必需的 8 种氨基酸基本上能满足供给,但含硒量却高于一般花生的 90%,富硒黑花生有足够的硒含量满足人体需要。进一步开展深加工,可以以黑花生为主要原料制作成糕点,不仅可以提高黑花生的利用率,还可以弥补传统花生糕点营养单一的缺点。以富硒黑花生为特色原料,辅以白砂糖、乳化稳定剂等,可研制出风味独特、营养丰富的富硒黑花生乳。

2. 黑花生花色苷用途

黑花生衣色素色调自然,性质稳定,是非常有潜力的天然黑色素,在食品、医药、保健等领域具有较好的开发应用前景。花生衣红色素的乳化香肠在口感、色泽及感官等方面与传统腌制香肠相似,且食用更加健康,花生衣还可作为食品添加剂,用于加工花生衣软糖、糖浆、可乐饮料、花生红衣片等保健食品。还可以通过某种加工使其成为一种染发剂而应用于美容行业。因其含有花色苷、原花青素等生理活性物质,具有清除自由基、抗氧化以及抗肿瘤等功效,可以将其开发成为一种保健产品或药物辅料。

6.2 黑豆

黑豆[*Glycine max*(L.)Merr.]属豆科(Leguminosae)大豆属(*Glycine*),又称乌豆、冬豆子、橹豆,是世界上最重要的栽培作物之一,是人类主要的植物蛋白质和油脂来源。黑豆起源于我国,黑豆在我国种植面积较广,且区域性分布相对集中,黑龙江、河北、安徽、山西、陕西等地种植较为普遍。黑豆在蛋白质含量、氨基酸组成、膳食纤维、多酚、花色苷、异黄酮等方面要优于黄豆,是著名的药食同源农产品。

黑豆在我国具有悠久的药食同源史,其种皮呈紫红色或黑红色,薄而脆,有光泽,易破碎,含有维生素、膳食纤维、多糖、黄酮类等多种活性物质,黑豆种皮中的花色苷不仅赋予了黑豆的颜色,而且对人体有着多种保健功效,可以抗氧化、润肠通便、保护肝脏、预防糖尿病、降血糖、降血脂、改善记忆力、保护视力、抗肿瘤、预防和治疗哮喘等(张宽朝等,2022)。

6.2.1 黑豆花色苷

1. 黑豆中花色苷提取与纯化

黑豆花色苷提取方式有很多,主要可以分为化学提取法、物理提取法,也可以使用多种方式协同作用。比如:响应面法辅助超声波法提取花色苷。溶剂萃取法是利用酸化甲醇、乙醇和丙醇等有机溶剂来提取花色苷的最普遍方法。张芳轩等(2010)用 60% 的酸化甲醇溶液溶出花色苷,优化后的提取工艺为:pH 2.5,提取温度 40℃,提取时间 2 h。李甘(2019)用含 0.1% HCl 的甲醇溶液提取,然后在室温下超声 3 次,每次 10 min。用布氏漏斗进行抽滤,收集滤液。向残余物中再加入 80 mL 含 0.1% HCl 的甲醇溶液,抽滤,重复以上提取步骤 2 次。将 3 次滤液合并,40~45 ℃下真空浓缩,得到黑豆种皮中花色苷的粗提物。江甜等(2017)用酸化乙醇法提取黑豆花色苷,测得黑豆中总花色苷含量为(0.58±0.03)mg/g,优化后的提取工艺为:pH 3.0,提取温度 40 ℃,提取时间 30 min。

2. 黑豆中花色苷的分离与鉴定

高效液相色谱法,具有准确性高、分离度好、自动化程度高、重现性好等优点,被广泛应用于花色苷鉴定。液相色谱质谱联用法,具有高灵敏度、高分辨力和高精确度等优点,可实现批量样品的快速定量检测。此外,通过质谱仪的一级质谱及二级质谱得到每个色谱峰的分子离子峰及碎片离子峰,根据这些分子离子及碎片离子的质荷比,可以获得准确的分子量,从而推断出主要化合物的分子结构。

据报道,黑大豆花色苷包括矢车菊色素-3-葡萄糖苷、飞燕草色素-3-葡萄糖苷、天竺葵色素-3-葡萄糖苷等。在液相上的保留时间顺序为飞燕草色素-3-葡萄糖苷、矢车菊色素-3-半乳糖苷、矢车菊色素-3-葡萄糖苷、牵牛花色素-3-葡萄糖苷、芍药色素-3-葡萄糖苷和锦葵色素-3-葡萄糖苷。

Xu 等(2008)采用 HPLC 测得黑豆中仅含矢车菊色素-3-葡萄糖苷一种花色苷,而在黑大豆的种皮中检测到矢车菊色素-3-葡萄糖苷、牵牛花色素-3-葡萄糖苷和芍药色色素-3-葡萄糖苷三种花色苷,其中矢车菊色素-3-葡萄糖苷是黑豆中的主要花色苷。江甜等(2017)对黑豆花色苷进行高效液相色谱-串联质谱分析,其组成成分为飞燕草色素-3-O-葡萄糖苷、矢车菊色素-3-O-葡萄糖苷、牵牛花色素-3-O-葡萄糖苷和锦葵色素-3-O-葡萄糖苷。杨才琼等(2018)用[1% HCl+99% MeOH(80%),V/V]混合液提取花色苷,密封,用锡箔纸遮光,冰水浴超声(40 kHz,300 W)提取 3 h,离心 10 min 后,取上清液过膜上机,结果表明,黑豆中存在飞燕草色素半乳糖苷、飞燕草色素葡萄糖苷、矢车菊色素半乳糖苷、矢车菊色素葡萄糖苷、天竺葵色素葡萄糖苷、牵牛花色素葡萄糖苷、芍药色素葡萄糖苷、矢车菊色素 8 种花色苷。张芳轩等(2010)用 HPLC 法分析黑豆种皮花色苷的组成及含量,同时用 pH 示差法测定各种质的总花色苷含量。结果表明,从 60 个黑大豆种皮中共检测到飞燕草色素-3-葡萄糖苷、矢车菊色素-3-半乳糖苷、矢车菊色素-3-葡萄糖苷、牵牛花色素-3-葡萄糖苷、芍药色素-3-葡萄糖苷和锦葵色素-3-葡萄糖苷 6 种花色苷组分。其中有 44 个品种中检测到上述全部 6 种花色苷组分,而其余 16 个品种只含有其中的 4~5 种。

6.2.2　黑豆的应用

1. 黑豆功能性食品的开发

目前,由于黑豆成分不断地被分离出来,其成分的功能性也受到研究者的广泛关注。例如,黑豆多糖对吞噬细胞具有免疫抑制作用;黑豆中的多糖成分能刺激造血功能,还能促进骨髓组织的生长。刘恩岐等(2004)将水晶果冻粉与黑豆蛋白肽混合,将其制作成规模完整、外观透明、口感柔韧、色泽棕红亮、酸甜爽口、具有黑豆清香、无苦涩味的黑豆蛋白果冻。姜慧等(2012)探讨了高花色苷黑豆蛋白粉的开发优势,为开发高花色苷、高蛋白的黑豆蛋白粉的研究提供有价值的参考。另外,黑豆酱油具有不饱和脂肪酸和多种维生素,经常食用能够增强人的记忆,并且含有丰富的可以延缓衰老的亚麻酸(秦琦等,2015)。

2. 黑豆花色苷用途

由于黑豆的食药性能,黑豆成为保健食品研究开发的热点。中国现已确定的成人日常花色苷摄入量为 50 mg/d,可耐受最高摄入量尚未确定。由于黑豆种皮花色苷安全无毒、抗菌能力强,其在食品防腐剂中的应用前景也将非常广阔。

黑豆种皮花色苷已经在许多行业有所应用。现在已经研发出了一些以黑豆种皮提取物为主要功能成分的保健食品,此外,还研制出一些以黑豆皮为原料之一的药物制剂,可用于治疗肝硬化及幽门螺旋杆菌引起的慢性胃炎等。鉴于黑豆种皮花色苷具有抑制酪氨酸酶活性作用,可预防黑色素沉着形成雀斑、黄褐斑等,含黑豆种皮花色苷的淡化面部色斑的中药面霜、以黑豆种皮提取物为主要成分的保湿滋养面膜、黑豆精华液等美容产品也已经在市场上出售。

参考文献

黄秀泉 . 黑粒花生的特征特性及高产栽培技术 . 江西农业科技,2003(5):11-12.

江甜,何毅,祝振洲,等 . 黑豆蛋白的分级提取及黑豆花色苷的成分鉴定 . 食品科学,2017,38(4):217-222.

姜慧,陈树俊,王亚东,等 . 高花青素黑豆蛋白粉的开发优势 . 食品工程,2012(2):8-9,27.

李甘 . 紫洋葱及黑豆种皮中花青素的定性定量分析和生物活性的研究 . 太原:山西大学,2019.

李军华,孙春梅,杨勇.开农黑花生特征特性及高产栽培技术.农业科技通讯,2011(8):164-165.

李楠.微波法提取黑花生衣色素的研究.安徽农业科学,2012,40(1):108-110.

林茂,赵景芳,郑秀艳,等.不同颜色花生种皮色素提取工艺研究.花生学报,2011,47(3):32-39.

刘恩岐,孟雪雁,刘虎平,等.黑豆蛋白果冻的研制.食品科技,2004(7):43-46.

刘行,张小军,岳福良,等.特色花生研究进展及发展优势.四川农业科技,2017(7):71-73.

秦琦,张英蕾,张守文.黑豆的营养保健价值及研究进展.中国食品添加剂,2015(7):145-150.

邵晓芬,王凤玲,李培凡.花生衣天然色素的提取及其理化性质.中草药,1997,28(3):153-153.

王锋,谭兴和,郭时印,等.大孔树脂纯化黑花生衣色素的研究.湖南农业大学学报,2007,8(33):500-505.

王锋.黑花生衣色素的研究.长沙:湖南农业大学,2007.

杨才琼,吴海军,张潇文,等.LC-MS测定黑豆中异黄酮和花色苷的含量.天然产物研究与开发,2018,30(5):817-822.

张芳轩,张名位,张瑞芬,等.不同黑大豆种质资源种皮花色苷组成及抗氧化活性分析.中国农业科学,2010,43(24):5088-5099

张宽朝,汪炜姿,余平,等.黑豆种皮花色苷酶法辅助提取工艺优化及其抗氧化活性分析.天然产物研究与开发,2022,34(1):83-92.

赵善仓,万春燕,董燕婕,等.黑花生种皮花色苷组成成分的 UPLC/Q-TOF 分析研究.花生学报,2015,44(3):1-6.

赵镇雷,徐小刚,高灿,等.黑花生衣色素的提取及调节 C2C12 肌管细胞葡萄糖消耗的作用研究.中国食品添加剂试验研究,2022,2:60-69.

Cheng JC,Kan LS,Chen JT,et al. Detection of cyanidin in different-colored peanut testae and identification of peanut cyanidin 3-sambubioside. Agric Food Chem,2009(57):8805-8811.

Garzon GA,Riedi KM,Schwartz SJ. Determination of anthocyanins,total phenolic content,and antioxidant activity in Andes Berry(*Rubus glaucus* Benth). J Food Sci,2009,74(3):227-232.

Xu BJ, Chang SKC. Antioxidant capacity of seed coat, dehulled bean, and whole black soybeans in relation to their distributions of total phenolics, phenolic acids, anthocyanins, and isoflavones. Journal of agricultural and food chemistry, 2008,56(18):8365-8373.

第7章　深色水果中花色苷

深色多汁的水果,如蓝莓、桑葚、黑枸杞、葡萄,虽然体积较小,但花色苷含量很高,同时还含有丰富的维生素、硒、铁、钙、锌等物质,具有防癌、抗癌、抗衰老等功效。

7.1　蓝莓

蓝莓(*Vaccinium* spp.)属杜鹃花科(Ericaceae)越橘属(*Vaccinium*)常绿灌木,是多年生小灌木果树,在我国栽培历史不到百年,最早始于美国,我国长白山及长江流域都有野生分布,国内称其为"越橘"。全世界多达450个品种,主要有高丛蓝莓、半高丛蓝莓、矮丛蓝莓和兔眼蓝莓4个优良品种(顾姻等,1998)。蓝莓果实中含有的花色苷在所有水果与蔬菜中含量最高,花色苷是蓝莓果实中最重要的活性成分,具有很强的抗氧化能力,对人体有益,有广泛的开发前景和利用价值(刘庆忠等,2018)。

蓝莓具有很高的营养价值和保健功能,被联合国粮农组织评为"人类五大健康食品之一"。蓝莓果中含有大量的有机酸、不饱和脂肪酸、蛋白质、矿物质和微量元素,其维生素不仅种类齐全而且含量丰富,尤其是维生素 K_1 和 B 族维生素含量突出。蓝莓中含有大量的花色苷物质,美国农业部组织人类营养中心研究表明在所有蔬菜水果中,蓝莓的花色苷含量最高,可以有效抗氧化和清除自由基(王兆然,2013),对于血液的微循环有着较佳的调节作用,特别是在疏通堵塞血液方面,在心血管疾病方向上有着很强大的预防功能。蓝莓中含有的多种活性成分都可能表现出抗氧化和清除自由基的功效,但大量研究表明蓝莓中花色苷类物质的抗氧化活性明显强于其他物质,花色苷是蓝莓具有生理活性最重要的物质基础。

7.1.1　蓝莓花色苷

1. 蓝莓中花色苷提取与纯化

溶剂浸提法、超声波辅助提取法,超临界萃取法、微波辅助提取法和酶解辅助提取法等是常用的花色苷提取方法。李亚辉等(2015)用超声波技术对蓝莓酒渣中的花色苷进行提取,通过响应面法优化提取工艺,在最佳条件下花色苷的提取得率为 6.092 mg/g。王鑫等(2020)利用超高压提取技术从蓝莓中提取花色苷,得到最优工艺参数组合为:提取压力 187 MPa、保压时间 6 min、乙醇体积分数 57%、料液比 1∶29(g/mL),在此条件下花色苷含量为(5.16±0.12)mg/g。马永强等(2012)采用纤维素酶辅助提取蓝莓中的花色苷,其最佳提取条件是:酶用量 5 mg/mL,提取时间 60 min,pH 为 5.0,温度 45 ℃。彭丽莎(2018)采用响应面法优化蓝莓花色苷提取工艺,得出溶剂浸提法蓝莓花色苷的最佳条件为:料液比 1∶20(g/mL),pH＝2.0 的 80%乙醇溶液,温度为 30 ℃,时间为 30 min,提取两次,用此方法提取得到花色苷的含量为 9.35 mg/g。

郑红岩等(2014)研究了 12 种大孔树脂对蓝莓花色苷的静态吸附和解吸效果,发现 XDA-7 大孔树脂分离纯化效果最佳,花色苷纯度由 2.20%提高到 24.54%,提取率为 70.20%。高梓淳等(2013)用 HP2MGL 大孔树脂对蓝莓花色苷粗提物进行纯化,得到色价 59.96 的紫黑色粉末,回收率为 88.53%。于泽源等(2018)以蓝莓果实为原料,采用大孔树脂中压柱层析联用分离纯化蓝莓花色苷,研究表明,D101 大孔树脂是最适于分离纯化蓝莓花色苷的树脂。大孔树脂中压柱层析法最佳工艺条件为:25 ℃、上样液质量浓度为 0.073 mg/mL、洗脱剂为 80%乙醇、流速 5 mL/min。

2. 蓝莓中花色苷的分离与鉴定

蓝莓中花色苷种类十分丰富,蓝莓花色苷主要的类型为飞燕草色素和锦葵色素(Yousef 等,2013),糖苷类型中双糖苷和多糖苷较为稀少,最常见的糖苷是单阿拉伯糖苷、单葡萄糖苷和单半乳糖苷(Riihinen 等,2008)。Chorfa 等(2015)利用液相色谱从加拿大的野生蓝莓中分离出飞燕草色素、矢车菊色素、锦葵色素、芍药色素、牵牛花色素与葡萄糖、半乳糖和阿拉伯糖结合的花色苷单体。李颖畅等(2010)通过利用 [1]H 和 [13]C 核磁共振对圣母蓝莓中花色苷的单体进行结构鉴定,确定此化合物为锦葵色素-3-半乳糖苷。彭丽莎(2018)通过高效液相色谱与高效液相-质谱联用的方式鉴定并确定了兔眼蓝莓中的 4 种花色苷,鉴定的单体有芍药色素-3-葡萄糖苷、牵牛花色素-3-葡萄糖苷/阿拉伯糖苷、矢车菊色素-3-阿拉伯糖苷、飞燕草色素-3-阿拉伯糖苷。申芮萌(2016)通过液质联用技术,在爱国者蓝莓中初步鉴定出 10 种花色苷组分,均为 5 种基本花色苷苷元(飞燕草色素、矢车菊色素、牵牛花色素、芍药色素和锦葵色素)与葡萄糖、半乳糖和阿拉伯糖结合形成的糖苷物。其中,锦葵色素-3-O-半乳糖苷含量最高,约占 26.94%,飞燕草色素-3-O-六碳糖苷次之,约占 21.10%,芍药色素-3-O-六碳糖苷含量最少,仅占 1.69%。通过对含有相同苷元的花色苷单体进行加和计算,发现在爱国者蓝莓果实中,锦葵色素含量最高,约占花色苷总含量的 39.71%,其次为飞燕草色素(31.67%)和牵牛花色素(18.68%),而矢车菊色素和芍药色素含量较少,分别为 7.70% 和 1.69%。Wang等(2014)先后采用大孔吸附树脂和半制备型高效液相色谱结合的方法从野生蓝莓中分离得到了锦葵色素-3-O-葡萄糖苷、牵牛花色素-3-O-葡萄糖苷和飞燕草色素-3-O-葡萄糖苷,质量分数分别为 97.7%、99.3%、95.4%。

7.1.2 蓝莓的应用

1. 蓝莓功能性食品的开发

蓝莓除了可以新鲜食用外,还可以加工成多种蓝莓副产品,提高食品的营养价值的同时,还增加了蓝莓的经济附加值。张星(2021)研发了蓝莓与蓝靛果复配粉,最佳复合比例为蓝莓∶蓝靛果∶桑葚∶黑果腺肋花楸∶树莓=5∶3∶2∶1∶1,且复配后花色苷种类增加至 7 种,其中飞燕草色素-3-O-阿拉伯糖苷的含量最高,达166.47 mg/g。胡佳星等(2019)对野生蓝莓保健酒的发酵工艺进行优化,结果表明,在最佳发酵条件下,每 100 mL 蓝莓果酒中花色苷含量为 36.85 mg,果香浓郁,口感醇厚。李斌等(2014)采用响应面法优化蓝莓果脯真空渗糖工艺,结果表明,在最优工条件下,糖液最低浓度为 33.77%。焦淑停(2016)采用响应面法对超声波渗糖的蓝莓果脯口感进行优化,结果表明,最优口感配方为柠檬酸 0.20%、抗坏血酸 0.06%、植物油 0.20% 和糖液浓度 50%。罗泽江等(2019)研究了银耳蓝莓酵素发酵前后体外抗氧化能力的变化,结果表明,与银耳蓝莓酵素发酵前相比,发酵后的总酚含量增加了 39.99%。李安等(2020)探讨了蓝莓果酒的发酵工艺并测定其抗氧化能力,结果表明,在最佳发酵条件下,每 100 mL 蓝莓果酒中花色苷含量达到 46.47 mg,蓝莓果酒的总抗氧化能力比维生素 C 强,具有较好的抗氧化活性。黄涵年等(2022)以蓝莓浓缩浆和蓝莓花色苷为主要原料研制了一款花色苷含量高且稳定的保健饮品。

2. 蓝莓花色苷的用途

蓝莓花色苷是一种安全、无毒的天然色素,抗氧化能力很强,具有促进视红素再合成、提高免疫力、抗炎症、抗心血管疾病、抗癌、抗衰老等多种生理功效,被广泛应用于食品、医药及化妆品领域。

蓝莓保健品开发主要基于蓝莓的花色苷成分及其抗氧化作用,主要产品有蓝莓花色苷咀嚼片、蓝莓花色苷护眼胶囊、蓝莓叶黄素酯咀嚼片、蓝莓决明片、蓝莓口服液等。邓怡等(2015)以蓝莓为主要原料,复合黄精、山药、葛根、枸杞等研制了一款具有益肾功效的保健饮料;刘君军(2017)制备了一款人参与蓝莓复合的功能性饮料,并对其抗疲劳功能进行了评价。

　　蓝莓花色苷可用于化妆品,花色苷等提取物可促进肌原蛋白形成,使皮肤光滑有弹性,可做成抗皱修复面膜。蓝莓精油独特的清香味可用于湿巾、面膜和口红等化妆品,产品具有清新淡雅的味道。蓝莓花色苷加入香烟可显著增加烟的滑润感及清晰度、减少刺激、强化果香、提升甜香香韵(伍锦鸣等,2012)。蓝莓花色苷因兼具抗氧化和抑菌作用,也被用于天然抗氧化包装材料产品的开发。

7.2　黑桑葚

　　桑葚(*Morus alba* L.)属桑科(Moraceae)桑属(*Morus*),多年生木本植物桑树果实,它具有椭圆的形状,其果实在成长过程中会有颜色的变化,依次从绿到红,最后变成紫黑色。桑葚又名桑枣、桑果、桑实等,是桑树的果穗,早期作为中国皇室御用补品,享有"中华果皇"的称号(汪荷澄,2020)。桑葚中含有糖、游离酸、蛋白质、维生素和氨基酸等营养物质,具有很高的营养价值和保健功能,享有"中华果圣"之美称,并于 1988 年被原国家卫生列入"药食同源"目录。桑葚中包含很多对人体有利的成分,如维生素、矿物质、花色苷、生物碱类、活性多糖类、蒽醌类、白藜芦醇类等。花色苷等桑葚活性成分可增强免疫力,清除自由基。桑葚在保护神经,减轻体重,抗肿瘤,抗炎,改善心血管疾病,预防阿尔茨海默病,低血糖和高血脂等上具有很好的功效(孙乐等,2016)。

　　桑葚所含有的花色苷作为天然色素,可用于果酒、果醋、果汁等饮品,可改善外观、增强食欲。

7.2.1　黑桑葚花色苷

1. 黑桑葚中花色苷提取与纯化

　　提取花色苷的方法主要有酶法、微波法、超声波法、内部沸腾法等。酶法提取率较高,但酶容易受到温度、pH、金属离子等环境因素的影响;微波法提取速度快,但也难以避免高温对花色苷的破坏;超声波法较为温和,对花色苷破坏较小,但提取过程发出刺耳的噪声,对实验操作者产生一定的影响。内部沸腾法是预先向原料中加入少量的低沸点溶剂并充分浸透原料,然后加入高温的高沸点溶剂,使低沸点溶剂在原料组织内部产生沸腾,加速有效成分扩散,实现快速提取,在使用有机溶剂浸提法提取桑葚中花色苷时多采用乙醇、甲醇等溶剂。李建凤等(2021)以乙醇溶液作为提取溶剂,采用内部沸腾法对桑葚花色苷进行提取,运用单因素试验和正交试验对提取工艺进行优化,结果发现在乙醇体积分数 90%、提取温度 75 ℃、提取时间 7 min、料液比 1∶25(g/mL)的条件下，桑葚花色苷的提取效果最佳。

在使用有机溶剂提取花色苷的同时常以超声波辅助的方式来提高提取效率，卫春会等(2020)通过正交试验考察各因素对桑葚中花色苷提取量的影响，最终得出超声时间为 20 min、功率为 1 600 W、料液比 1∶10(g/mL)时提取率最高，花色苷得率为 2.88 mg/g。微波技术应用于辅助提取工艺，可以强化浸提过程，减少提取时间和能耗，从而提高产率。罗政(2017)优化了微波辅助溶剂法提取桑葚中花色苷的工艺，得出料液比为 1∶16(g/mL)、功率为 600 W、乙醇浓度为 70%、提取 50 s 时，粗提物中的花色苷含量为 3.54 mg/g，提取率为 81.5%。谭佳琪等(2018)采用超高压法提取了桑葚中的花色苷，得出最佳工艺条件为压力 270 MPa、萃取 6 min、料液比 1∶35(g/mL)、乙醇浓度为 62%，花色苷的得率为(4.93±0.12)mg/g。

2. 黑桑葚中花色苷的分离与鉴定

用有机溶剂提取的桑葚中的花色苷为粗提物，含糖量较高，易吸潮，一般都需要纯化后进行后续的检测、加工等流程。胡金奎(2013)比较了 12 种大孔树脂和 6 种阳离子交换树脂对桑葚花色苷的分离纯化效果，最终发现 LX-68 大孔树脂的分离纯化效果最好，对桑葚花色苷的纯化率都为 39.9%，花色苷回收率为 91.5%。

桑葚果实主要存在 4 种花色苷，分别是矢车菊色素-3-葡萄糖苷、矢车菊色素-3-芸香糖苷、天竺葵色素-3-葡萄糖和天竺葵色素-3-芸香糖苷。Dugo 等(2001)采用窄孔高效液相色谱-电喷雾电离分离检测出桑葚中 5 种花色苷成分，分别为矢车菊色素-3-槐糖苷、矢车菊色素-3-葡萄糖苷、矢车菊色素-3-芸香糖苷、天竺葵色素-3-葡萄糖苷和天竺葵色素-3-芸香糖苷。阎芙洁(2018)分离提取得到桑葚花色苷，该提取物中含有矢车菊色素-3-葡萄糖苷、矢车菊色素-3-芸香糖苷和天竺葵色素-3-葡萄糖苷，含量分别为（472±9.23）mg/g、（273±5.12）mg/g、(14±0.29)mg/g。薛宏迪等(2020)采用高速逆流色谱对桑葚中的花色苷进行分离纯化，并用高效液相色谱、高效液相色谱-四极杆飞行时间质谱联用、核磁共振技术分别对所分离组分进行定性和定量，得出所检测的花色苷具体为飞燕草色素-3-葡萄糖苷、矢车菊色素-3-葡萄糖苷和天竺葵色素-3-葡萄糖苷，其含量和纯度分别为17.4 mg/100 mg、33.7 mg/100 mg、9.8 mg/100 mg 和 92.27%、94.05%、90.82%。邹堂斌等(2013)采用高效液相色谱-电喷雾质谱串联法测定了桑葚中花色苷的含量和种类，经检测，鲜桑葚中含花色苷(711.7±49.5)mg/100 g，并分析其组成为：矢车菊色素-3-(2-葡糖芸香糖苷)、矢车菊色素-3,5-二葡萄糖苷、飞燕草色素-3-芸香糖-5-葡萄糖苷和飞燕草色素-3-芸香糖苷。

7.2.2 黑桑葚的应用

1. 黑桑葚功能性食品的开发

黑桑葚的应用主要有饮料、冰激凌、香槟、果酒、果冻、凉果、蜜饯、果酱、果味粉、糕点、糖果、罐头、酱料、腐乳、烧卤和香肠等。桑葚果实可以作为日常的食用水果或者制成酒、果汁、果酱、罐头食品等。张阳阳等(2021)利用桑葚和糯米发酵制得桑葚糯米酒,酒体清澈、颜色呈紫红色、质地均一、香甜可口、风味协调、口感醇厚,感官评分为 86.9 ± 0.1,酒精度为 $(12.0\pm0.1)\%(V/V)$。吕明珊等(2022)以黑桑葚为原料经发酵工艺制成桑葚酵素,发酵后酵素中 SOD 活力为 329 U/g,总酚含量为 9.11 mg/g。赵鑫等(2022)以桑葚为原料,通过优化发酵条件,制成了桑葚醋,并且测得该产品对—OH 自由基和 DPPH 自由基的清除率分别高达 92.63% 和 94.48%,具有很高的抗氧化能力。

2. 黑桑葚花色苷用途

黑桑葚花色苷水溶性好,无毒性,具有多种生物功能活性,可作为天然着色剂,抗氧化剂和保健营养品应用于食品工业中。用于日化产品主要有洗涤剂、发油、牙膏、洗浴液、香波、护肤品、防晒油、护发素、口红和胭脂等。王艺敏等(2021)将桑葚中花色苷提取物与低共熔溶剂薄荷醇-百里香酚高速混合形成染色体系,用于棉织物的染色,染色后具有较好的紫外线防护性能、抗菌性和抗氧化活性。田鑫等(2022)用桑葚花色苷提取物和细菌纤维素制备智能比色膜用于虾新鲜度的监测,桑葚花色苷与细菌纤维素膜的比例为 0.16 g∶100 mL 时,比色膜的氨敏感性最佳,可用于指示虾的新鲜度。

7.3 黑枸杞

黑枸杞(*Lycium Chinense* Mill.)属茄科(Solanaceae)枸杞属(*Lycium*)多年生灌木植物,是近年来新发掘的植物资源。成熟果实呈黑色,主要分布在我国宁夏、新疆、西藏、青海、内蒙古、甘肃等盐碱地、干旱地。黑枸杞除与宁夏红枸杞有着相似的营养成分之外,还含有丰富的还原糖和花色苷,被称为"花青素之王"(闫亚美等,2015)。国家卫生健康委员会颁布公告将黑果枸杞作为普通食品,是一种珍贵的药食同源食物,其作为中药被《本草晶珠》《四部医典》等著作记载,用于治疗心热病、心脏病、月经不调等病症。此外,黑枸杞还具有较强的抗氧化、预防心血管疾病、抗炎、增强免疫力、降血糖、抗疲劳等作用(Tang 等,2017)。

7.3.1 黑枸杞花色苷

1. 黑枸杞中花色苷提取与纯化

刘超(2018)选用超声辅助提取的方法来提取黑枸杞中的花色苷,并采用 pH 示差法检测了花色苷的含量,通过响应面法对实验的流程进行了优化,最后得出最优的实验操作条件:65%的酸性乙醇作为提取溶液,料液比 1∶40(g/mL),提取 50 min,提取温度为 55 ℃,该条件下得率为 3.603 mg/g。唐骥龙(2017)采用溶剂提取法,从料液比、提取时间、乙醇浓度、提取温度 4 个维度综合优化了实验步骤,最终得出料液比为 1∶40(g/mL),提取时间 3.0 h,乙醇浓度 70%,提取温度 45℃,该条件下用 Design Expert V 8.0.6 软件预测了黑枸杞中的花色苷最高得率为 22.18 mg/g。郑覃 (2018)分别采用超声辅助提取和酶法辅助提取的方法对黑枸杞中的花色苷进行了提取,经过响应面试验优化得出,超声辅助提取的实验条件为料液比 1∶20.4(g/mL),提取温度 48 ℃,提取时间为 24.8 min,乙醇浓度 79%,该条件下花色苷理论得率为 15.01 mg/g,实际得率为(14.999±0.014)mg/g;酶法辅助提取最终优化条件为加酶量 0.10%,料液比 1∶21(g/mL),提取时间 1.05 h,提取温度 49℃,乙醇浓度 80.55%,最后的花色苷得率为(24.675±0.027)mg/g。罗静等(2020)使用大孔树脂对黑枸杞中的花色苷进行纯化,采用 Box-Behnken 响应面法对工艺条件进行考察优化,得出最优纯化工艺为径高比 1∶15,上样液浓度 32 g/L,上样液 pH 2.7,上样流速 1 mL/min,洗脱剂为 pH 3.6 的 92%乙醇,洗脱流速为 1 mL/min,洗脱剂体积 3.31 倍柱体积,该工艺条件下花色苷产率为 8.01%。

2. 黑枸杞中花色苷的分离与鉴定

李进(2006)使用石油醚脱脂,80%乙醇浸提黑枸杞中的花色苷,然后用 X-5 大孔树脂对其进行洗脱净化,得到最佳的动态洗脱条件:树脂柱径高比为 1∶15、流速 3 mL/min、pH 3.0、提取粗品 1 g/L,用 95%乙醇做洗脱液。郑覃(2018)比较了 AB-8、D101、HPD-100 这 3 种大孔树脂对黑枸杞中花色苷的净化作用,通过对树脂吸附和解吸能力的比较,最终选用 AB-8 作为分离纯化的树脂,并对纯化条件进行了优化,得出最佳静态吸附和解吸条件:吸附平衡时间 4 h,解析平衡时间 5 h,上样液浓度 60 mg/L,上样液 pH 3.0,洗脱液为 pH 3.0 的 80%乙醇;最佳动态吸附和解吸条件:吸附流速 2 mL/min,解吸流速 1 mL/min。高品(2018)使用 AB-8 大孔树脂对酸性乙醇提取的黑枸杞花色苷进行净化处理,用 0.01%HCl 的酸性水溶液进行淋洗以除去树脂中的杂质,最后用 70%乙醇进行解析得到净化的花色苷,并用 pH 示差法对其含量进行测定。闫亚美等(2015)使用 XAD-7 大孔树脂层析柱对黑枸杞多酚粗提物进行净化,使用含 0.5％TFA 的甲醇溶液洗脱,收集 280 nm处的最大吸光值的收集液进行浓缩,得到初步纯化的花色苷。然后使用 SephadexLX-20 凝胶色谱对主要花色苷进行分离:上样量 1 mL,洗脱液为含 0.5％TFA 的水和甲醇(7∶3,V∶V),流速为 1 mL/min。唐骥龙(2017)采用 AB-8 大孔树脂对黑枸杞中的花色苷进行纯化,使用 80％乙醇作为洗脱液,通过 AKTA purifier 半制备型色谱和 YMC-Pack ODS-A 色谱柱将最主要的花色苷单体分离出来,通过HPLC 检测其纯度达到 97％以上,采用 pH 示差法测定其含量为(845.6±43.9)mgC3G/100 g/DW。

　　黑枸杞中总共检测到有 37 种花色苷,在这些花色苷中,包括芍药色素、牵牛花色素、天竺葵色素、矢车菊色素、锦葵色素、飞燕草色素等不同花青素苷元和不同的糖类结合形成的糖苷类衍生物。这些花色苷当中,还有许多顺反异构的花色苷。Jin 等(2015)研究发现,牵牛花色素苷元类的花色苷含量最多,在鲜果中总花色苷的比例达到 95％,而其中大部分花色苷都是在其 3 位和 5 位与糖类结合形成的二糖苷花色苷,有的花色苷同时也被香豆酸和咖啡酸酰基化。闫亚美等(2015)使用HPLC-DAD-MS 对纯化后的黑枸杞中的花色苷进行了分离鉴定,通过其分子量、保留时间及碎片离子信息得出黑枸杞中的花色苷分别为牵牛花色素-3-O-芸香糖(顺式-p-香豆酰)-5-O-二葡萄糖苷、牵牛花色素-3-O-芸香糖-(咖啡酸)-5-O-葡萄糖苷、牵牛花色素-3-O-芸香糖(顺式-p-香豆酰)-5-O-葡萄糖苷、牵牛花色素-3-O-芸香糖(反式-p-香豆酰)-5-O-葡萄糖苷、锦葵色素-3-O-芸香糖(反式-p-香豆酰)-5-O-葡萄糖苷,其中牵牛花色素-3-O-芸香糖(顺式-p-香豆酰)-5-O-葡萄糖苷为主要成分。唐骥龙(2018)通过 HPLC、HPLC-MS、NMR 等检测手段对黑枸杞中的花色苷纯化组分进行结构解析,通过质谱得出其为牵牛花色素,化学分子式为$C_{43}H_{49}O_{23}$,花色苷分子中有葡萄糖配基、芸香糖(二糖)配基和乙酰基。从 NMR中的特征缩醛信号验证其花色苷骨架 C3 和 C5 位点连接了两个 β-吡喃葡萄糖苷,通过鼠李糖分子上特殊的甲基信号验证花色苷元 C3 端连接的糖苷部分顺带连接了一个 α-L-鼠李糖,由 H-4 位点信号存在低场位移说明鼠李糖苷 H-4 位点另外连接了一个酰基,通过 α 位点信号(δ6.81)和 β 位点信号(δ7.04)判断该酰基为其香豆酸的脱氢产物,由较高数值的共轭常数说明香豆酸中苯乙烯基结构的构造类型是反式构造,最终得出纯化的花色苷组分为牵牛花色素-3-O-芸香糖(反式-香豆酰基)-5-O-葡萄糖苷。高品(2018)通过高速逆流色谱制备分离得到一种黑枸杞中的花色苷,推测其为芍药色素-3-咖啡酰-阿魏酰槐糖苷-5-葡萄糖苷,通过 HPLC-MS对其进行测定,其保留时间为 15.25 min,分子离子峰荷质比为 933.3,碎片离子的荷质比为 317、479.9、771.9,推测碎片离子荷质比 317 为 牵牛花色素,479 对应牵牛花色素的单己糖,质荷比162的碎片离子为己糖糖苷化的过程,荷质比711来源于花色苷分子丢失荷质比162的碎片,推测该花色苷为牵牛花色素-3-对香豆酰芸香糖苷-5-葡萄糖苷。王天琦等(2020)采用HPLC-ESI-MS分离并鉴定了黑枸杞中的花色苷成分,分别为牵牛花色素-3-O-芸香糖苷(葡糖基-P-香豆酰基)-5-O-葡萄糖苷和牵牛花色素-3-O-芸香苷-5-O-葡萄糖苷。赵旭等(2019)使用HPLC-QqQ-MS/MS对黑枸杞中的花色苷进行分离鉴定,检测到甲基飞燕草色素和飞燕草色素衍生物是主要花色苷,分别占花色苷总量的58%和32%,其中甲基飞燕草色素-3,5-O-双葡萄糖苷的含量最高为1 212.38 mg/kg。

7.3.2 黑枸杞的应用

1. 黑枸杞功能性食品的开发

黑枸杞具有高含量的花色苷及强抗氧化性,决定了其在食品、医药、卫生和化妆品等领域具有很高的应用价值。黑枸杞的商品开发中,以饮品最为广泛。最直接的是将黑枸杞制成干果成品,直接泡饮。另外,还可以以黑枸杞为原料,经过更为复杂的工艺制备黑枸杞果汁饮品或与其他功能性的原料共同制备成多类型的复合饮品。

秦丹丹等(2020)利用黑枸杞的抗氧化特性,研制了黑木耳黑枸杞复合饮料,在最佳配比的条件下,在抗氧化试验中对DPPH自由基、羟基自由基、超氧阴离子的清除率分别为59.2%、43.6%、67.45%。齐海丽等(2021)以黑枸杞干果为原料通过单因素试验和正交、响应面试验研发了黑枸杞果醋,其酸度为3.76 g/100 mL,花色苷含量为0.55 g/100 mL,并且具有浓郁的果醋香味和黑枸杞的清香。纪璇(2021)以风干的黑枸杞和新鲜桑葚为原料开发了一款果酒,在发酵过程中保留了黑枸杞的活性成分,具有优秀的抗氧化能力,DPPH清除率可以达到59.61%,羟基自由基清除率达58.7%。黑枸杞咀嚼片、泡腾片制品具有方便携带、营养成分保存更好、食用简单方便等优点,成为黑枸杞食品开发中的一个重要方向。

2. 黑枸杞花色苷用途

黑枸杞花色苷具有清除体内自由基、抗氧化、抗衰老、降血脂、护眼等功效,有保护视力、改善睡眠的作用,还能有效地预防和治疗糖尿病、肿瘤癌症、血稠血栓等疾病,有助于降低血压和保护心脑等功能。黑枸杞花色苷也是女性美容养颜的佳品,它除了清除氧自由基还能阻止黑色素沉积、隔离紫外线和辐射,因而具有美容的功效。基于植物花色苷的抗氧化、抗菌等活性。秦燕(2021)研制了含有黑枸杞花色苷的智能包装膜,以木薯淀粉、聚乙烯醇为基质,添加黑枸杞花色苷,该膜可以用于黑鲈鱼的冷藏保鲜和新鲜度监测。王芳(2020)以壳聚糖和淀粉作为基质材料,添加增塑剂和黑枸杞花色苷制备了一种指示包装膜,用于检测猪肉的新鲜度。

7.4　葡萄

葡萄(*Vitis vinifera* L.)为葡萄科(Vitaceae)葡萄属(*Vitis*)木质藤本植物,又称"蒲陶""蒲桃""草龙珠""赐紫樱桃"等(罗璇等,2015 和马绍英等,2015)。小枝圆柱形,有纵棱纹,无毛或被稀疏柔毛,叶卵圆形,圆锥花序密集或疏散,基部分枝发达,果实球形或椭圆形,花期 4—5 月,果期 8—9 月。

葡萄是世界最古老的果树树种之一,葡萄的植物化石发现于第三纪地层中,说明当时已遍布于欧、亚及格陵兰。葡萄原产亚洲西部,世界各地均有栽培,世界各地的葡萄约 95% 集中分布在北半球。作为世界上产量最大、种植面积最广的水果之一,葡萄种植主要以欧洲种(*Vitis vinifera*)和美国种(*Vitis labrusca*)为主。

葡萄作为世界四大果品之一,生食或制葡萄干、酿酒,酿酒后的酒脚可提取酒食酸,根和藤药用能止呕、安胎。葡萄不仅味美可口,而且营养价值很高。成熟的浆果中葡萄含糖量高达 10%～30%,以葡萄糖为主。葡萄中的多种果酸有助于消化,适当多吃些葡萄能健脾和胃。葡萄中含有矿物质钙、钾、磷、铁以及多种维生素 B_1、维生素 B_2、维生素 B_6、维生素 C 和维生素 P 等,还含有多种人体所需的氨基酸,常食葡萄对神经衰弱、疲劳过度大有裨益。

葡萄能有效地阻止血栓形成,并能降低人体血清胆固醇水平,降低血小板的凝聚力,对预防心脑血管病有一定作用。每天食用适量的鲜葡萄,不仅会减少心血管疾病的发病风险,还特别有益于那些局部缺血性心脏病和动脉粥样硬化心脏病患者的健康。鲜葡萄中的黄酮类物质,能"清洗"血液,防止胆固醇斑块的形成。葡萄越呈黑色,含黄酮类物质越多,但若将葡萄皮和葡萄籽一起食用,对心脏的保护作用更佳。

花色苷是葡萄果皮中呈色的主要物质,主要存在于紫色或红色葡萄的果皮中。葡萄是花色苷的主要来源之一,葡萄花色苷是一种天然的水溶性色素,属于类黄酮类化合物。葡萄花色苷具有许多的生理功能(郑先波等,2016 和刘秀奇等,2011),具有消除自由基、改善肝脏以及血清中的脂质、抗变异原以及抗肝疡、防御身体过氧化、防止动脉硬化以及提高视力等作用。

7.4.1　葡萄花色苷

1. 葡萄中花色苷提取与纯化

花色苷的分离纯化方法主要有柱层析法、膜分离法、高效逆流色谱法、高效制备型液相色谱法等。采用大孔树脂分别对葡萄花色苷和红花芸豆色素进行分离纯化,经树脂纯化后样品的纯度得到显著提高(Wang 等,2014 和陈阳等,2007)。邓洁红等(2010)利用纸层析、薄层层析联用技术从刺葡萄皮中分离纯化得到 5 种花色苷组分,但是分离纯化过程复杂,所需纯化周期长。提取葡萄花色苷,国外多采用盐酸化的甲醇、丙酮、硫酸、乙酸或盐酸水溶液,国内则多采用柠檬酸、盐酸水溶液和酸化乙醇。冯靖等(2018)对葡萄皮色素的稳定性进行探究,试验表明,溶剂浸提法的最佳提取条件为:提取温度 70 ℃,乙醇浓度 60%,料液比 1∶10(g/mL),提取次数 3 次,提取剂 pH 为 1.0。在此最佳试验条件下,葡萄皮色素提取浓度为7.163 5 mg/g。黄茜等(2017)以 60 ℃下干燥至恒重的葡萄皮为原料,以一定体积分数的乙醇溶液为提取溶剂,采用超声波法对葡萄皮花色苷进行了提取研究。结果表明,提取温度为 75 ℃、乙醇体积分数为 55%、提取时间为 35 min、料液比为 1∶30(g/mL)时,葡萄皮花色苷提取效果最佳、实验重现性好。李丹等(2016)探究了超声波辅助提取夏黑葡萄花色苷的最佳工艺及其抗氧化能力。采用 Box-Behnken 响应面法研究液料比、超声时间和温度这 3 个因素及其交互作用对花色苷提取的影响。结果表明,优化后的提取工艺为:料液比 1∶3(g/mL),超声时间为 21 min,温度为59 ℃。超声波提取目前已经被广泛地应用于各个领域,王鑫等(2020)以"双丰"山葡萄皮为原料,在单因素试验基础上,通过正交试验优化超声辅助提取山葡萄皮花色苷工艺,并采用高效液相色谱-质谱联用技术对"双丰"山葡萄皮花色苷组分进行鉴定。结果表明,"双丰"山葡萄皮花色苷最佳提取工艺参数组合为:超声功率 300 W、超声时间 30 min、提取温度 60 ℃、料液比 1∶40(g/mL),在此条件下花色苷得率为(0.71±0.03)mg/g;"双丰"山葡萄皮中主要包含飞燕草色素-3-葡萄糖苷、矢车菊色素-3-葡萄糖苷和芍药色素-3,5-二己糖苷 3 种花色苷组分。薛海燕(2005)通过正交实验得出:微波火力为 60%,醇浓度为 40%,酸浓度为 0.5%,时间 10 s 时,微波处理对葡萄花色苷的提取效果有明显的促进作用。唐攻等(2017)探索纤维素酶法提取葡萄皮中花色苷的提取工艺。采用单因素试验和正交试验相结合的方法研究不同因素对葡萄皮花色苷提取的影响。最佳提取条件为 pH 3.0、酶解温度 45℃、酶添加量 1.2%、料液比 1∶15(g/mL)、酶解时间 30 min。此法不但可以提高产物的提取率,而且条件温和,在工业生产中易达到要求。杨晓伟等(2009)利用酶的高效性和专一性,得出了提取葡萄花色苷的最优条件,并证明酶法提取葡萄皮渣中的花色苷可以节省溶剂的用量。黄瑜等(2016)以酿酒葡萄皮渣为原料,研究并优化双水相法对花色苷得率的影响。在单因素的基础上,通过 Plackett-Burman 实验筛选出 pH、乙醇质量分数、硫酸铵质量分数、料液比为主要自变量,以花色苷得率为响应值,利用 Box-Benhnken 中心组合设计原理和响应面分析法,研究各自变量的交互作用对花色苷得率的影响,模拟得到二次多项式回归方程的模型。响应面优化后的最佳工艺参数是乙醇质量分数为 28%,硫酸铵质量分数为 18.14%,pH 为 3.0,料液比为 1:35(g/mL),花色苷得率为 4.43 mg/g。

目前,国内外主要采用酶法、大孔吸附树脂法、离子交换树脂法等对分离后葡萄花色苷进行纯化。酶纯化是利用酶的专一和高效催化作用。在常温,中性的条件下,可使天然色素粗制品中的杂质通过酶的反应除去,从而达到精制的目的。吴朝霞等(2006)利用大孔吸附树脂对多种天然色素具有良好的吸附和纯化效果,选择 HPD600 和 HPD450 两种大孔树脂做柱层析纯化葡萄籽原花青素,结果表明,HPD600 为吸附葡萄籽原花青素的最佳树脂,可使花色苷的纯度达到 95%。刘成梅等(2003)也利用离子交换树脂法,对葡萄皮浸出的花色苷浸提浓缩液用磺酸型阳离子交换树脂进行纯化,除去了其中的糖和有机酸化合物等杂质,使产品得以纯化,产品的稳定性得到提高。

2. 葡萄中花色苷分离与鉴定

花色苷结构鉴定常用的鉴定方法主要有紫外、可见光谱法、红外光谱法、液相色谱质谱联用法和核磁共振法等。葡萄中的花色苷因品种而异,主要有飞燕草色素糖苷、矢车菊色素花色苷、牵牛花色素糖苷、芍药色素糖苷和锦葵色素糖苷,其中锦葵色素糖苷为多。葡萄花色苷主要分布于果皮、果肉、葡萄籽、芽鳞片等器官中,但以果皮中含量为最高。薛宏坤等(2020)研究"巨峰"葡萄皮花色苷,粗提物经 AB-8 大孔树脂纯化、葡聚糖凝胶 Sephadex LH-20 纯化后,得到 3 种组分,分别为矢车菊色素-3-芸香糖苷、锦葵色素-3,5-双葡萄糖苷香豆酰和锦葵色素-3-半乳糖苷。王维茜等(2016)研究发现刺葡萄花色苷为锦葵色素-3,5-O-双葡萄、锦葵色素-3,5-O-双葡萄糖苷-香豆酰、飞燕草色素-3-O-芸香糖苷和锦葵色素-3-O-芸香糖苷的混合物。沈育杰等(1998)结合纸层析和紫外-可见吸收光谱测定,判断山葡萄花色苷主要为芍药色素-3-葡萄糖苷和矢车菊色素-3-葡萄糖苷(Cy-3-glu)。邢婷婷等(2018)研究 14 个欧亚种红色酿酒葡萄品种(品系)的花色苷组成,共检测到 21 种花色苷,'西拉'花色苷含量最高;'黑比诺 115'的二甲锦葵色素-3-葡萄糖苷相对含量最高,且不含酰基化类花色苷;'丹魄'是飞燕草色素-3-葡萄糖苷、甲基飞燕草色素-3-葡萄糖苷相对含量较高的品种。从酰基化花色苷的相对含量可以看出,乙酰化和香豆酰化花色苷相对含量高于咖啡酰化类,'马贝克''西拉'酰化花色苷相对含量高于其他品种；'品丽珠'和'内比奥罗'的乙酰化花色苷相对含量最高；'马贝克'的香豆酰化花色苷含量最高。

7.4.2 葡萄应用

1. 葡萄功能性食品开发

葡萄果醋是葡萄酒在优良醋酸菌的作用下再次发酵而成的产品，葡萄醋具有消除疲劳、促进消化、利尿、降血糖、降血脂、抗氧化、延缓衰老等作用。葡萄籽油是以葡萄籽为原料提炼制成的油脂产品。葡萄籽含有 $10\% \sim 14\%$ 脂肪，具有抗氧化、扩张血管和降低胆固醇的作用。其他产品如葡萄籽粉、葡萄籽多酚口服液等。葡萄籽提取物可制成安全环保的防腐剂用于果蔬保鲜。超微粉碎技术制造的超级微型葡萄籽粉作为营养强化剂添加到各种食物中，达到美味健康的效果。

2. 葡萄花色苷用途

葡萄花色苷因其美丽的颜色和天然、无毒的特性特别适宜用作食品添加剂，目前已广泛应用于果酱、腌制品、果冻、雪糕、冰激凌、糖果等食品中。因其多方面的生理功能而在保健品开发领域具有巨大潜力。葡萄花色苷作为药品来防治疾病的研究已经具有了一定的规模，但是对其具体的作用机制、发挥生理功能活性所涉及的分子结构、信号通道以及酶的认识任重而道远。我们需要寻找花色苷的作用基因、相关酶类、大分子活性物质、靶器官、受体、分子信号传导途径等，使花色苷的应用更直接、更准确、更有效，以便发挥更大的医学作用，为保护人们的身体健康做出更大的贡献。

参考文献

陈阳,王军华,滕利荣,等．大孔树脂法纯化红花芸豆色素及初步鉴定．农业工程学报,2007,23(6):237-241.

邓洁红,谭兴和,王锋,等．刺葡萄皮花色苷的分离及检定．中国食品学报,2010,10(1):200-206.

邓怡,孙汉巨,谢玉鹏,等．蓝莓复合保健饮料的工艺研究．饮料工业,2015,18(4):29-34.

冯靖,时玉正,邱晓,等．葡萄皮天然色素的提取工艺及其稳定性研究．食品研究与开发,2018,39(4):60-68.

高品．花色苷提取物中代表性成分的制备及特性研究．天津科技大学,2018.

高梓淳,吴涛,陈卫,等. 蓝莓花色苷提取与纯化工艺的研究. 食品与发酵科技,2013,49(3):1-5.

顾姻,王传永,吴文龙,等. 美国蓝浆果的引种. 植物资源与环境,1998,7(4):33-37.

胡佳星,袁文艳,满都拉,等. 野生蓝莓保健果酒的工艺优化. 中国酿造,2019,38(7):136-140.

胡金奎. 桑葚花色苷的分离制备、结构分析及其体外活性. 无锡:江南大学,2013.

黄涵年,陆梦杰,叶素丹. 蓝莓花青素保健饮品加工工艺研究. 保鲜与加工,2022,22(1):56-61.

黄茜,曹雪红,廖立敏. 超声波提取葡萄皮花色苷的研究. 广州化工,2017,45(13):71-73.

黄瑜,段继华,黄伟,等. 双水相法提取葡萄皮渣中花色苷. 食品工业科技,2016,37(7):220-227,233.

纪璇. 黑枸杞桑葚复合酒的酿造工艺及抗氧化特性的变化研究. 烟台:烟台大学,2021.

焦淑停. 蓝莓果脯的研制及生产车间设计. 天津:天津科技大学,2016.

李安,刘小雨,张惟广. 发酵及贮藏条件对蓝莓果酒花色苷稳定性的影响及其抗氧化性研究. 中国酿造,2020,39(2):146-151.

李斌,矫馨瑶,孟宪军,等. 蓝莓果脯真空渗糖工艺研究. 沈阳农业大学学报,2014,45(5):552-558.

李丹,沈才洪,马懿,等. 夏黑葡萄花色苷的提取及抗氧化活性研究. 应用化工,2016,45(8):1418-1423.

李建凤,黄茜. 桑葚花色苷提取及稳定性. 食品工业,2021,42(10):103-106.

李进. 黑果枸杞色素研究. 上海:华东师范大学,2006.

李亚辉,马艳弘,黄开红,等. 蓝莓发酵酒澄清和冷稳定处理的响应面优化. 中国酿造,2015,34(2):126-130.

李颖畅,马春颖,孟宪军,等. 蓝莓花色苷提取物抗油脂氧化能力的研究. 中国粮油学报,2010,25(2):92-95.

刘超. 黑枸杞花色苷的提取及其稳定性和抗氧化活性的研究. 重庆:重庆大学,2018.

刘成梅,游海. 天然产物有效成分的分离与应用. 北京:化学工业出版社,2003.

刘君军．人参蓝莓饮料的制备及其抗疲劳活性研究．长春:吉林大学,2017.

刘庆忠,朱东姿,王甲威,等．世界蓝莓产业发展现状——中国篇．落叶果树2018,50(6):1-4.

刘秀奇,陈红．葡萄白藜芦醇的提取研究．科技创新导报,2011,26:134.

罗静,丁永胜,赵程博文,等．Box-Behnken 响应面法优化黑果枸杞花色苷纯化工艺及其成分分析．中华中医药杂志,2020,35(10):5164-5169.

罗璇,李颖,邓艳芹．响应面法提取葡萄皮色素及其稳定性的研究．中国调味品,2015,40(2):104-113.

罗泽江,张永生,李琢伟,等．银耳蓝莓酵素发酵过程中体外抗氧化性能变化及品质的研究．食品研究与开发,2019,40(12):39-45.

罗政．桑葚花色苷提取工艺的研究．南宁:广西大学,2017.

吕明珊,袁艺洋,邢军,等．双响应值联合优化药桑葚酵素发酵工艺及其抗氧化性的研究．中国调味品,2022,47(2):97-103.

马绍英,苏利荣,李胜,等．葡萄籽中原花青素、葡萄籽油和白藜芦醇的联合提取．甘肃农大学报,2015,29(4):145-149.

马永强,李安,那治国,等．酶法提高蓝莓果花色苷与总酚溶出率的工艺条件研究．农产品加工(学刊),2012(4):48-53.

彭丽莎．蓝莓花色苷的提取纯化及抗氧化活性研究．广州:华南农业大学,2018.

齐海丽,吕云皓,杨双铭,等．黑枸杞果醋发酵工艺条件优化．中国酿造,2021,40(12):204-210.

秦丹丹,曹慧馨,白洋,等．黑木耳黑枸杞复合饮料研制及其体外抗氧化性．食品研究与开发,2020,41(3):108-116.

秦燕．富含黑枸杞花色苷的活性智能包装膜的稳定性与应用研究．扬州:扬州大学,2021.

申芮萌．蓝莓花色苷提取纯化,结构鉴定及体外抗氧化活性研究．北京:北京林业大学,2016.

沈育杰,赵景辉,王金和,等．山葡萄色素的定性分析．特产研究,1998(3):5-8.

孙乐,张小东,郭迎迎．桑葚的化学成分和药理作用研究进展．人参研究,2016,28(2):49-54.

谭佳琪,王瑜,孙旗,等．桑葚花色苷超高压提取工艺优化及其组分分析．食品工业科技,2018,39(21):152-158.

唐玫.纤维素酶法提取葡萄皮花色苷工艺研究.粮食与油脂,2017,30(3):68-71.

唐骥龙.黑果枸杞花色苷分离纯化、结构鉴定及生物活性研究.南京:南京农业大学,2017.

田鑫,郭筱兵,孙凤霞,等.基于桑葚花青素的虾鲜度指示膜的制备及应用.食品工业,2022,43(1):121-125.

汪荷澄.新疆三种桑葚理化品质及挥发性成分分析.石河子:塔里木大学,2020.

王芳.基于花青素的猪肉新鲜度智能指示包装膜的制备与研究.西安:陕西科技大学,2020.

王天琦,马兆成,吴军民,等.黑果枸杞中花色苷的高效液相色谱分析研究.分析科学学报,2020,36(4):465-470.

王维茜,邓洁红,石星波,等.刺葡萄皮中花色苷的分离纯化与结构鉴定.农业工程学报,2016,32:296-301.

王鑫,韩茜宇,薛宏坤,等.响应面法优化超高压提取蓝莓花色苷工艺及其活性研究.中国调味品,2020,45(8):147-153,158.

王鑫,韩茜宇,薛宏坤.山葡萄皮花色苷提取工艺优化及其组分分析.食品工业,2020,41(6):55-59.

王艺敏,王强,陈万明,等.天然疏水性低共熔溶剂体系中棉织物的桑葚花色苷染色,2021(11):18-21.

王兆然.蓝莓果渣中花色苷的提取及稳定性研究.北京:北京化工大学,2013.

卫春会,张兰兰,邓杰,等.桑葚花青素超声波辅助提取工艺优化.食品工业,2020,41(12):96-100.

吴朝霞,吴朝晖.大孔吸附树脂纯化葡萄籽原花青素的研究.食品与机械,2006,22(4):46-48.

伍锦鸣,卓浩廉,普元柱,等.蓝莓花青素超声提取工艺优化及在卷烟中的应用研究.食品工业,2012,33(4):30-33.

邢婷婷,杨航宇,王雯染,等.4个欧亚种红色酿酒葡萄品种(品系)的花色苷组成和含量分析.果树学报,2018,35(2):147-157.

薛海燕.葡萄皮色素的提取及纯化研究.乌鲁木齐:新疆农业大学,2005.

薛宏迪,李鹏程,钟雪,等.高速逆流色谱分离纯化桑葚花色苷及其抗氧化活性.食品科学,2020,41(5):96-104.

薛宏坤,谭佳琪,刘钗,等."巨峰"葡萄皮花色苷的分离纯化、结构鉴定及抗肿瘤活性. 食品科学,2020,41(5):39-48.

闫亚美,罗青,冉林武,等. 黑果枸杞功效研究进展及产业发展前景. 宁夏农业科技,2015(1):21-24.

阎芙洁. 桑葚花色苷对糖代谢的调控作用及其机制研究. 杭州:浙江大学,2018.

杨晓伟,薛红玮,牟德华. 酿酒葡萄皮渣中花色苷提取工艺的优化. 食品与机械,2009,25(2):130-132.

于泽源,赵剑辉,李兴国,等. 大孔径树脂-中压柱层析联用分离纯化蓝莓花色苷. 食品科学,2018,39(1):118-123.

张星. 蓝莓与蓝靛果复合冻干粉加工贮藏稳定性及产品开发. 北京:中国农业科学院,2021。

张阳阳,侯贺丽,王荣荣,等. 桑葚米酒酿造工艺优化及其品质分析. 食品科技,2021,46(11):103-108.

赵鑫,任朝琴,戴先芝. 桑葚醋发酵优化及提取物抗氧化能力分析. 广州化学,2022,47(1):57-63+70.

赵旭,王新茹,段长青,等. 野生黑枸杞果实中酚类物质的组成分析. 食品科学,2019,40(8):202-207.

郑红岩,于华忠,刘建兰,等. 大孔吸附树脂对蓝莓花色苷的分离工艺. 林产化学与工业,2014,34(4):59-65.

郑覃. 黑果枸杞花色苷的提取、纯化及活性组分研究. 天津:天津商业大学,2018.

郑先波,申炎龙,史江莉,等. 中国野生葡萄果皮和叶片白藜芦醇含量测定. 果树学报,2016,33(9):1092-1102.

邹堂斌,凌文华. 桑葚花色苷含量测定及种类分析. 食品研究与开发,2013,34(24):197-200.

Chorfa N, Savard S, Belkacemi K. An efficient method for high-purity anthocyanin isomers isolation from wild blueberries and their radical scavenging activity. Food Chemistry,2015,197:1226-1234.

Dugo P, Mondello L, Errante G, et al. Identification of anthocyanins in berries by narrow-bore high-performance liquid chromatography with electrospray ionization detection. J Agric Food Chem,2001,49(8):3987-3992.

Jin H, Liu Y, Yang F, et al. Characterization of anthocyanins in wild *Lycium ruthenicum* Murray by HPLC-DAD/QTOF-MS/MS. Analytical Methods,2015,7 (12):4947-4956.

Riihinen K, Jaakola L, Karenlampi S, et al. Organ-specific distribution of phenolic compounds in bilberry(*Vaccinium myrtillus*)and 'northblue'blueberry (*Vaccinium corymbosum* × *V. angustifolium*). Food Chemistry, 2008, 110(1): 156-160.

Tang JL, Yan YM, Ran LW, et al. Isolation, antioxidant property and protective effect on PC12 cell of the main anthocyanin in fruit of *Lycium ruthenicum* Murray. Journal of Functional Foods,2017,30:97-107.

Wang E, Yin YG, Xu CN, et al. Isolation of high-purity anthocyanin mixtures and monomers from blueberries using combined chromatographic techniques. Journal of Chromatography A,2014,1327:39-48.

Yousef GG, Brown AF, Funakoshi Y, et al. Efficient quantification of the health-relevant anthocyanin and phenolic acid profiles in commercial cultivars and breeding selections of blueberries(*Vaccinium* spp.). Journal of Agricultural and Food Chemistry,2013,61(20):4806-4815.

第8章 深色蔬菜中花色苷

紫色茄子、紫洋葱、紫甘蓝等深色蔬菜,富含花色苷类化合物,具有很好的抗氧化作用,具有保护眼睛、增强视力、增强自身免疫力、抗氧化、减缓衰老、增强记忆力和抗癌功能。

8.1 紫色茄子

茄子($Solanum\ melongena$ L.)为茄科(Solanaceae)茄属($Solanum$)的一年生草本植物,热带为多年生,也叫落苏、昆仑瓜,紫茄在我国各地广泛栽培,多为一年生。其果实的皮含有极其丰富的花色苷(慕金超等,2014)。

紫茄果皮的着色主要是由花色苷的种类和浓度决定,作为一种类黄酮化合物,花色苷不仅能够帮助植物抵御各种生物和非生物胁迫,而且因其具有显著的抗氧化能力,所以对人类身体健康有很大的益处。紫茄果皮是提取天然花色苷的良好资源。

8.1.1 紫色茄子花色苷

1. 紫色茄子中花色苷提取与纯化

目前,对紫茄皮花色苷的提取方法主要有有机溶剂提取法、微波法、超声波法和超临界 CO_2 萃取等方法。谢雨婷等(2015)以酸化乙醇为提取剂,采用超声波辅助提取紫茄皮花色苷,在单因素试验的基础上,利用 Box-Behnken 设计方法和响应面法优化紫茄皮花色苷的提取条件,得到最佳工艺条件:当超声波功率 180 W、超声波时间 5 min、乙醇体积分数 85%、料液比为 1:30(g/mL)时,该条件下的紫茄皮花色苷含量为 5.1841 mg/g。郭菲等(2014)利用有机溶剂提取花色苷,并以花色苷提取液的吸光值作为提取效果指标,在提取剂为 70%乙醇(含 0.05%盐酸,V/V)的条件下,确定最佳提取条件为:提取温度 38 ℃、料液比 1:19(g/mL)、提取时间 95 min。在此工艺条件下,花色苷提取效果 $A_{525\ nm}$ 为 12.752。罗璇等(2018)利用熵值法求出提取茄子皮紫色素含量、得率和色价三者之间的权重,结合正交试验结果及 MATLAB 编程进行数学建模,得到茄子皮紫色素最适提取的工艺条件及三者综合评价值。结果表明:蒸馏水提取茄子皮花色苷的最佳条件为料液比为 1∶40(g/mL),提取时间为 1 h,提取温度为 55 ℃,提取剂 pH 为 4.0。BP 人工神经网络模型准确预测了茄子皮花色苷的提取条件及综合评价值,最佳提取条件下茄子皮花色苷的综合评价值为 7.254 21,优于正交试验 7.254 的综合评价值。蒋海伟(2015)采用微波辅助提取技术,得到茄子花色苷最佳提取工艺:超声波功率 180 W,超声波时间 5 min,料液比 1∶30(g/mL),乙醇浓度 85%,经三次验证性试验,得到茄子花色苷含量 5.18 mg/g。蒋晓岚等(2019)以紫色茄子皮为材料,优化了飞燕草色素的提取纯化条件,最佳提取条件为:提取剂为含 1%盐酸的 60%乙醇溶液,料液比为 1∶20(g/mL)。利用 AB-8 型大孔树脂初步纯化飞燕草色素苷,发现随着洗脱剂乙醇浓度的升高,得到的飞燕草色素苷溶液浓度先升高后降低,当乙醇浓度为 30%时洗脱效果最好,此时洗脱液在 530 nm 下的紫外吸收值为 0.49。最后通过结晶沉淀的方法获得了纯度大于 98%的飞燕草色素单体。

2. 紫色茄子中花色苷的分离与鉴定

液相-质谱联用技术(LC-MS/MS)是在 20 世纪发展起来的分析技术,其中液相部分高效的分离技术和质谱检测器部分的高灵敏度,使二者联用技术成为现代科学分析技术中最重要的分析鉴定方法。使用 LC-MS 及 LC-MS/MS 联用技术,简化了繁琐的样品前处理过程,同时具有选择性强、灵敏度高、高效快速等优点,尤其适用于在分离过程中难以辨别或者含量少、不易分离得到组分的测定。

紫茄中常见的花色苷主要是飞燕草色素-3-(p-香豆酰鼠李糖苷)-5-葡萄糖苷和飞燕草色素-3-鼠李糖苷,不同的茄子品种所含的花色苷的种类和含量可能会有所差异(Mazza,2018)。秦燕(2016)利用 HPLC-QTOF-MS/MS,根据各组分的母离子及碎片离子来分析花色苷化合物的结构,结合相关文献来进行花色苷结构的鉴定。茄子中主要含有 5 个色谱峰,结合质谱信息可推测出茄子皮中至少含有 5 种花色苷成分。茄子皮液相色谱图中含量最高峰的一级质谱分子质量为 919.248 6,对其进行二级质谱鉴定,得到的二级碎片有 757.29,465.10,303.05,由母离子 m/z 919.23 和子离子 303.049 9 可推断出,单体为飞燕草色素,母离子和碎片离子的分子质量差分别为 162,292 和 162,可推测出分子中含有两个单糖糖苷和一个芦丁糖苷,推测出 919.25 的花色苷结构为飞燕草色素-3-(p-香豆酰基)-芦丁糖苷-5-葡萄糖苷。母离子为 757.196 4 和 465.161 8 的花色苷结构比 m/z 为 919.25 的分子结构简单,可看作是后者的二级碎片离子,两种花色苷的碎片离子分别为 465.10,303.05 和 303.10,可推测出两种物质分别为飞燕草色素-3-(p-香豆酰基)-芦丁糖苷、飞燕草色素-3-葡萄糖苷。母离子为 611.40 的花色苷经过裂解后,得到了 317.21 的碎片离子,可得出其花色苷单元为牵牛花色素,同时,母离子与碎片离子的分子质量之差为294,为桑布双糖,所以可推测出 m/z 为611.40的花色苷为牵牛花素-3-桑布双糖苷。m/z 为576.339的花色苷经过二级裂解后,得到271的结构单元,为天竺葵色素衍生物;根据断裂碎片的分子量之差,可推测出两者分别为天竺葵色素-3-p-香豆酰基葡萄糖苷。陈杭等(2018)通过 HPLC-MS/MS 技术鉴定了蓝山禾线茄(鉴定为光敏感型)中花色苷的主要种类为:飞燕草色素-3-4-(顺式-香豆酰)-鼠李糖-(1→6)-吡喃葡萄糖苷-5-吡喃葡萄糖苷和飞燕草色素-3-4-(反式-香豆酰)-鼠李糖-(1→6)-吡喃葡萄糖苷-5-吡喃葡萄糖苷。并利用 UPLC-MS/MS 确定了光不敏感型号紫茄在遮光条件和自然条件下,其花色苷的种类为飞燕草色素-3-芸香糖苷(tulioanin),2种不同光敏型茄子中花色苷的糖苷配基均为飞燕草色素,但花色苷种类不同。蒋晓岚等(2019)利用光谱及质谱技术对紫色茄子皮的花色苷进行了定性分析,鉴定出4种花色苷,且均为连接不同糖配体的飞燕草色素苷。Azuma 等(2008)揭示了茄子皮中花色苷的主要成分有飞燕草色素-3-(p-香豆酸芦丁糖苷)-5-葡萄糖苷,飞燕草色素-3-芦丁糖苷,飞燕草色素-3-葡萄糖苷,牵牛花色素-3-(p-香豆酸芦丁糖苷)-5-葡萄糖苷,飞燕草色素-3-咖啡酰基芦丁糖苷-5-葡萄糖苷。蒋海伟(2015)通过 HPLC 对茄子花色苷进行定量测定,含量(样品以干样计)如下:飞燕草色素-3-果糖苷 2.12 mg、飞燕草色素-3-对香豆酰基-芦丁糖苷-5-葡萄糖苷 12.75 mg 和牵牛花色素 3-6-鼠李糖苷-2-木糖葡萄糖。郭菲(2016)采用 UPLC-ESI-MS 联用技术鉴定紫茄皮花色苷组分,分析出12种主要花色苷,分别为矢车菊色素、飞燕草色素、锦葵色素、矢车菊色素-3-葡糖苷、锦葵色素-3-阿拉伯糖苷、飞燕草色素-3-葡糖苷、锦葵色素-3-葡糖苷、矢车菊色素-3-鼠李糖苷、飞燕草色素-3-α-鼠李糖苷-5-β-葡糖苷飞燕草色素-3,5-双葡糖苷、锦葵色素-3-α-鼠李糖苷-5-β-葡糖苷、矢车菊色素-3-槐糖苷-5-葡糖苷。

8.1.2 紫色茄子的应用

1. 紫色茄子功能性食品的开发

茄子是少有的紫色蔬菜,营养丰富,含有脂肪、蛋白质、碳水化合物、维生素以及钙、铁、磷等多种营养成分(陈永丽,2013)。目前,存在着多种多样茄子加工制品,其中茄子干是比较常见的一种加工品。茄子产品种类繁多,根据消费者的不同需求产品的特点也不同,例如为科考队员、远航船员等生产出便于携带和贮存的茄子干,婴幼儿中普遍存在不爱吃蔬菜的现象,为婴幼儿研发的茄子条及茄子泥能有效地改善这种情况。

2. 紫色茄子花色苷的用途

紫色茄子富含花色苷、酚酸等各种生物活性物质,特别是以飞燕草色素类为代表的花色苷含量高,具有很强的抗氧化能力、降血脂和降血糖、保护神经、预防多种慢性疾病等功效。紫色茄子皮色素的主要成分为花色苷,属类黄酮次级代谢物,在植物防御方面也发挥着重要作用,被用于抗氧化、抗衰老,有时也被用于预防心脑血管疾病(Noda,2000)。天然色素花色苷具有资源丰富、安全保健、优美可观等优点,同时因为花色苷在食品、化妆、医药等方面都具有潜在的价值,因此花色苷具有巨大的市场价值和应用前景。蔡如玉(2020)研制茄皮含片的制备工艺条件:EPE 30%、微晶纤维素15%、木糖醇16%、菊粉12%、甘露醇12%、硬脂酸镁0.5%、聚葡萄糖13%、柠檬酸2.5%,能有效降低糖尿病小鼠的血糖水平。刘伶文等(2013)以茄子皮为原料,用柠檬酸水溶液提取的茄子皮天然色素对羊毛织物进行染色,经稀土后媒染染色后,上染率达57.9%。

8.2　紫甘蓝

紫甘蓝(*Brassica oleracea* L.)属十字花科(cruciferae)芸薹属(*Brassica*),又名赤甘蓝、红甘蓝,叶片紫红色,叶面有蜡粉,接近球形。其的营养成分包括碳水化合物、蛋白质、维生素(如叶酸、抗坏血酸、维生素原A、生育酚等)、矿物质(铜、铁、硒、钙、锰、锌等)。除此之外,还含有丰富的生物活性物质,比如多酚、花色苷、硫苷等。紫甘蓝起源于欧洲的地中海沿岸至北海的沿岸,现已有数千年的种植和栽培历史。

紫甘蓝叶片中富含花色苷,花色苷作为一种水溶性天然色素,具有色调柔和、着色力强、安全性高的特点。此外,花色苷还具有较强的抗氧化能力,可抗炎、降血糖、预防心血管疾病(张东峰,2020 和 Paulina 等,2016)。

8.2.1　紫甘蓝花色苷

1. 紫甘蓝中花色苷提取与纯化

紫甘蓝花色苷的提取工艺研究常用的有溶剂提取法、柱色谱法、超声辅助提取、酶法、离子液体提取法、微波辅助提取法等。吴园芳(2012)发现采用 dex LH-20 凝胶层析对紫甘蓝中花色苷具有较好的分离、纯化效果,优化分离工艺条件为:以30%乙醇为洗脱剂,流速1 mL/min,上样量100 mg,可以分离出4种花色苷组分。卢珊等(2021)通过响应面设计,得到紫甘蓝花色苷最佳提取工艺条件为:微波功率315 W,提取时间6 min,料液比1∶10(g/mL),花色苷的吸光值为0.494±0.006,接近于预测值的0.506。任萍等(2016)选用6种不同极性的大孔吸附树脂对紫甘蓝花色苷的静态吸附进行考察,发现 ADS17 树脂吸附率较低,将剩余的 5 种树脂对紫甘蓝花色苷的动态吸附进行了对比,其中 HPD 500 树脂对紫甘蓝花色苷纯化效果最好,最佳条件为:上柱液吸光度 0.707、上柱液体积 1.5 床体积(BV)、吸附流速 1.5 柱体积/h、洗脱流速 1.5 柱体积/h 以及解吸液为质量分数 60%的酸性乙醇(pH 2.5),最佳条件下得到花色苷色价为 47.8,纯度为原来的 20.8 倍;说明经 HPD500 树脂纯化后,去除了大量杂质,提高了产品中花色苷类化合物的纯度。

2. 紫甘蓝中花色苷的分离与鉴定

高效液相色谱-质谱联用技术适用于天然产物有效成分定性与定量分析,可以在缺少标准品的情况下对粗提物中微量成分进行有关的结构分析,具有高效快速、灵敏度高等优点。紫甘蓝中含有多种花色苷,基本为矢车菊色素的一系列糖苷及其酰化物。苏红(1993)使用纸层析色谱法研究甘蓝花色苷,发现其主要成分为矢车菊色素-3-双芥子酰槐二糖-5-葡萄糖苷。Arapitsas 等(2008)利用 HPLC/DAD. ESI/Qtrap MS 技术得到 24 种花色苷结构,其结构均为含有糖苷或酰基的矢车菊色素。刘玉芹等(2011)利用高效液相色谱-电喷雾/四极杆飞行时间串联质谱联用技术(HPLC-ESI/Q-TOF-MS/MS)对紫甘蓝中花色苷类化合物进行分析,得到矢车菊色素类花色苷碎片离子为 m/z 287 和 m/z 285,分别是 m/z 449 和 m/z 447 失去质量数 162(葡萄糖基)所得,m/z 449 和 m/z 447 分别是 m/z 611 和 m/z 609 失去质量数 162(葡萄糖基)所得,m/z 611 和 m/z 609 分别是矢车菊色素-3-二葡萄糖苷-5-葡萄糖苷的特征离子 m/z 773 和 m/z 771 失去质量数 162(葡萄糖基)所得。锦葵色素类花色苷碎片离子为 m/z 331 和 m/z 329,m/z 493 和 m/z 491 分别为锦葵色素-3-(p-香豆酰基)-芸香苷的特征离子 m/z 639 和 m/z 637 失去质量数 146(p-香豆色素酰基)所得。Chen 等(2018)发现制备型液相色谱(prep-HPLC)耦合循环制备液相色谱可从紫甘蓝中分离得到质量分数高达 99%的 10 种主要花色苷单体。王利平(2017)采用液质联用(HPLC. ESI. MS/MS)技术,分析得出 14 种紫甘蓝花色苷单体结构。所得紫甘蓝(产地杭州)花色苷的苷元核均为矢车菊色素,其中单酰基化花色苷约占 48%,双酰基化花色苷约占 33%,非酰基化花色苷约占 19%。

8.2.2 紫甘蓝的应用

1. 紫甘蓝功能性食品的开发

紫甘蓝作为一种蔬菜,食法多样,可炒食、凉拌、腌渍或制作泡菜等,被世界卫生组织(WHO)推荐为排名第三可食用最佳蔬菜,在抗癌方面排名第五。紫甘蓝属低热量高纤维食物,具有丰富的叶酸,肥胖者及孕妇均可食用。在食品加工领域可以制作系列特色产品。如紫甘蓝花色香肠、浓缩紫甘蓝清汁等。罗清铃等(2020)以紫甘蓝和大豆为主要原料研发了一种紫甘蓝豆腐。胡玲等(2019)研发的紫甘蓝挂面具有诱人的紫红色、煮制后适口性好、质构软硬适中、咀嚼体验佳,并具有很强的抗氧化性,DPPH 自由基清除率为 70.49%。贾长虹等(2010)利用新鲜牛奶和紫甘蓝汁研制了一种新型的、颜色鲜艳、营养丰富、风味独特的紫甘蓝酸奶。

2. 紫甘蓝花色苷用途

紫甘蓝因其具有鲜艳的色泽,色素含量高,营养价值高,无毒安全。紫甘蓝色素是存在于叶表皮细胞的花色苷,主要成分为矢车菊色素,是欧共体、日本、美国等允许食用的天然色素。紫甘蓝花色苷提取方便、色彩艳丽,具有一定的化学稳定性,除了用于食品着色外还可通过一定的方法用于蛋白质纤维的染色。

8.3　紫洋葱

洋葱(*Allium cepa* L.)属百合科(Liliaceae)葱属(*Allium*)两年生草本植物,又名玉葱、圆葱。根据洋葱的色泽,可以分为黄、白、紫 3 个品种,是最古老、最常见的食用蔬菜之一。是一种药食两用的草本植物,既是食物又是药物,既有营养物质又有药理作用,具有降低血压、软化血管、抗糖尿病、改善肝脏机能等作用,被誉为"蔬菜皇后"(江成英等,2014)。洋葱起源于中亚,西汉时期传入我国,20 世纪初在我国开始大面积栽培。

紫洋葱(red onion)富含花色苷,其花色苷提取物具有很强的抗氧化活性及其他功能性质(刘玉芹等,2010)。孙建霞等(2009)研究表明,每 100 g 紫洋葱中的花色苷含量高达 25 mg。

8.3.1　紫洋葱花色苷

1. 紫洋葱中花色苷提取与纯化

褚银铃(2014)利用溶剂浸提法对紫洋葱中的花色苷进行提取条件的优化,最终得出在提取溶剂乙醇的体积分数为 72%,料液比为 1∶32(g/mL),温度为57 ℃,提取时间 26 min 的条件下,紫洋葱中的花色苷的含量可达 2.33 mg/g。李甘(2019)采用了酸化甲醇来提取紫洋葱中的花色苷,具体为提取液为含 0.1%HCl 的甲醇溶液,室温超声 3 次,每次 10 min,用布氏漏斗抽滤,收集滤液,重复 3次,将 3 次滤液合并在 40~45 ℃真空浓缩,得到花色苷粗提物。

刘玉芹等(2010)对紫洋葱中提取的花色苷粗提物进行净化,除去其中的脂溶性成分等,再使用 XAD-7 大孔树脂进行净化精制。大孔树脂使用前先用无水乙醇浸泡 24 h,使其充分溶胀,然后用乙醇冲洗至无白色浑浊,并以蒸馏水洗至中性;再以体积分数 5% 的 HCl 溶液浸泡 12 h,蒸馏水洗至中性,最后用质量分数 2% NaOH 溶液浸泡 12 h,蒸馏水冲洗至中性。褚银铃(2014)比较了 AB-8、S-8、X-5、D-101、NKA-9 这 5 种大孔树脂对紫洋葱中花色苷粗提物的净化作用,最后确定 AB-8 为最佳纯化树脂,花色苷的纯化提取率为 70.69%。

2. 紫洋葱花色苷的种类

紫洋葱是花色苷的丰富来源,矢车菊色素-3-葡萄糖苷、矢车菊色素-3-(3′-葡萄糖基葡萄糖苷)是紫洋葱中最主要的花色苷。至今紫洋葱中被鉴定的花色苷已超过 25 种,主要为矢车菊色素类以及少量的芍药色素类的花色苷。大部分的花色苷糖基化发生在 C3 位,紫洋葱中花色苷主要是丙二酸酰化或未酰基化的葡萄糖苷(Simestad 等,2007)。刘玉芹等(2010)利用紫外 pH 示差法对紫洋葱中花色苷总量进行测定,得出紫洋葱中花色苷总量为 234 mg/kg。并分别用高效液相色谱-二极管阵列检测-电喷雾质谱和高效液相色谱-紫外可见光谱对花色苷种类进行了定性和定量,其中矢车菊色素-3-葡萄糖苷、矢车菊色素-3-丙二酸酰葡萄糖苷和矢车菊色素-3,5-丙二酸酰二葡萄糖苷在紫洋葱花色苷中的含量分别高达 26.43%、37.27% 和 12.57%,占总花色苷含量的 76.27%;而矢车菊色素-3,5-二葡萄糖苷、芍药色素-3-丙二酸酰葡萄糖苷和芍药色素-3,5-丙二酸酰二葡萄糖苷在紫洋葱花色苷中的含量分别为 9.38%、8.60% 和 2.86%。傅茂润等(2013)比较紫洋葱中 6 种花色苷的抗氧化能力,发现矢车菊色素-3,5-二葡萄糖苷的抗氧化能力最强,矢车菊色素-3-葡萄糖苷,矢车菊色素-3-丙二酸酰葡萄糖苷和芍药色素-3-丙二酸酰葡萄糖苷的抗氧化能力次之,而矢车菊色素-3,5-丙二酸酰二葡萄糖苷和芍药色素-3,5-丙二酸酰二葡萄糖苷的较弱。

8.3.2 紫洋葱的应用

1. 紫洋葱功能性食品的开发

在欧美国家,洋葱的食用量较大,除鲜食以外,主要加工产品为洋葱精油和洋葱粉,也有洋葱干制品和洋葱酱,主要用于调味。我国自从媒体对洋葱保健功能的报道大量涌现后,洋葱食品加工工艺研究也随之出现,如低醇保健酒、洋葱片、洋葱糯米酒、洋葱酱、洋葱饮料和洋葱醋等。有研究发现,洋葱醋具有软化血管、调节血脂的作用(付学军,2006)。江成英等(2008)用洋葱和糯米发酵制成了风味独特的洋葱糯米酒。程飞宇等(2022)用紫洋葱和苹果制成了富含黄酮的洋葱啤酒,清澈透明,颜色偏红,口感醇正。于亚敏等(2018)使用紫洋葱和赤霞珠葡萄制成了洋葱葡萄酒,酒精度为 7.62%(V/V),干浸出物含量为 48.70 g/L,总黄酮含量 544.55 mg/L,总花色苷含量为 92.05 mg/L。感官评分 85.03 分,呈紫红色,澄清透亮,并且具有葡萄的果香、洋葱的葱香和酒的醇香。

2. 紫洋葱花色苷的应用

因花色苷较强的抗氧化能力等一系列的有益健康的生物活性物质而引起广泛的关注。紫洋葱除了烹饪和药用外,因富含天然色素花色苷还可用于化妆品或用作纺织染色中的草药染料。目前,对洋葱色素的提取工艺、稳定性等方面的研究已取得一些成绩,洋葱色素的相关产品也被相继研发,如富含洋葱色素的饮料、洋葱葡萄酒、富含黄酮的洋葱酒等(许悦等,2018),而且利用洋葱色素染色的技术也在被研究,如用于化妆品和纺织染色(王雪梅等,2014)。

8.4　红心萝卜

萝卜(*Raphanus sativus* L.)属十字花科(Brassicaceae)萝卜属(*Raphanus*)草本植物,又名莱菔,是起源于我国的重要世界性蔬菜,在我国广泛种植,其栽培面积在各类蔬菜中位居第二位。其呈现红色或紫色是由于富含花色苷,具有营养和美学价值,以及抗氧化特性(Kim 等,2021)。富含花色苷的萝卜主要有'心里美'萝卜和红心萝卜。'心里美'萝卜(Purple-heart radish)是中国北方形成较晚的一个萝卜品种,含有丰富的花色苷和多糖化合物,此外还含有维生素和微量金属元素等,食用营养价值极高(Donner 等,1991)。红心萝卜(Red radish,学名 *Raphanus sativus* var. Chinese red meat)是萝卜品种之一,成本低,来源丰富,表皮呈红色或绿色,果肉通红,肉质酥脆爽口,富含花色苷,可用于提取营养价值高、安全系数大的天然萝卜红色素。

萝卜红色素作为天然食用色素,已经开始应用于食品工业中,例如糖果、饮料等食品的着色。萝卜红色素作为以花色苷为主的天然色素不仅安全无毒,而且具有很多生物活性。

8.4.1　红心萝卜花色苷

1. 萝卜花色苷提取与纯化

萝卜红色素是一种天竺葵色素葡萄糖苷衍生物的天然色素,其主要成分结构为天竺葵色素-3-槐二糖苷,5-葡萄糖苷的双酰基结构,属花色苷类色素,其醇溶性和水溶性都很好,易溶于水、甲醇及乙醇等极性溶剂,因此,可用水、甲醇或乙醇作为溶剂提取。提取的方法有许多种,如有机溶剂浸提法、微波提取法、大孔树脂吸附法、超临界流体萃取法(SFE)、薄层色谱法和柱层析法和酶工程法等。常采用酸水浸提法、有机溶剂浸提法,随着研究推进,现采用超临界 CO_2 萃取法、大孔树脂吸附法、柱层析法、色谱法、酶工程法、高速分离法、超滤法等高新技术(Otsuki 等,2002)。浸提法因成本低、能耗低,被广泛使用。影响浸提法效果的因素主要有浸提液种类、浸提液浓度、浸提环境的酸碱性、浸提温度、浸提时间、浸提料液比和浸提次数(许伟等,2014)。

梁姗等(2017)研究表明,AB-8 树脂是胭脂萝卜花色苷的最佳纯化树脂;进一步优化胭脂萝卜花色苷的提取工艺,发现盐酸乙醇为提取剂,料液比 1∶10(g/mL),40 ℃浸提 2 h,花色苷的最高提取量为 3.92 mg/g;而在果胶酶与纤维素酶比例 1∶2(质量比),添加量 0.03 mg/g,50 ℃,酶解 pH 4.0,酶解 95 min 条件下,花色苷的最高提取量达 4.25 mg/g。熊勇等(2019)优化了萝卜红色素的提取工艺,提取温度为 43.07 ℃、提取 pH 为 2.88、提取时间为 3.65 h、料液比为 1∶4(g/mL),在此条件下提取率为 65.21%。仇晓文等(2013)研究表明,0.1%盐酸浸提液对'心里美'萝卜花色苷提取效果最好,AB-8 大孔吸附树脂纯化花色苷的效果较好,花色苷在含有 0.5 mmol Fe^{3+}、pH 7.0 的缓冲液中最稳定,10 min 内的残留量保持在 90%左右。杨艳等(2014)研究表明,在浸提温度 60 ℃,浸提时间 2.5 h,液料比 1∶5(g/mL)条件下残留量保持在 90%左右,浸提液 pH 2.0 条件下,黑皮白肉萝卜肉质根根皮中花色苷的得率可达 6.82 mg/g。

2. 萝卜中花色苷的分离与鉴定

HPLC-MS、HPLC-ESI-MSn、HPLC-DAD、HPLC-PDA-ESI/MSn、超高效液相色谱-四极杆飞行时间串联质谱、一维和二维核磁共振等技术是用于花色苷鉴定最常见的方法。目前不同类型的萝卜中共鉴定出至少 234 种花色苷,其中 145 种为矢车菊色素类,81 种为天竺葵色素类,4 种为飞燕草色素类,3 种为芍药花色素类,1 种为牵牛花色素-3,5-双葡萄糖苷。多数红色萝卜品种以天竺葵色素苷元为主。

萝卜色素是一种天然色素,红心萝卜提取出的色素含量高、质量好,主要是天竺葵色素葡萄糖苷衍生物(梁姗等,2017)。采用高效液相色谱-四级杆-轨道阱质谱联用技术对'心里美'萝卜花色苷进行分离鉴定,结果表明,'心里美'萝卜中花色苷主要是以天竺葵色素为基本母体且以 3 号和 5 号位取代的酰基化花色苷。采用高效液相色谱法对其进行定量分析,以矢车菊色素-3-O-葡萄糖苷为外标测得'心里美'萝卜中含量最高的为天竺葵色素-3-(对香豆酰)二葡萄糖苷-5-葡萄糖苷,达到 1.95 mg/g,经纯化后达 27.89 mg/g(林于洋,2020)。赵淑娟(2012)采用 XAD-7HP 大孔树脂、Sephadex LH-20 葡聚糖凝胶以及 C18 半制备色谱等技术,分离制备'心里美'萝卜中的花色苷单体,采用 MS 和 NMR 技术进行结构解析。结果表明,'心里美'萝卜中 4 种主要的花色苷单体分别为天竺葵色素-3-(6-对香豆酰)-槐糖苷-5-葡糖苷、天竺葵色素-3-6-(阿魏酰)-槐糖苷-5-葡糖苷、天竺葵色素-3-(6-对香豆酰)-槐糖苷-5-(6-丙二酰)-葡糖苷、天竺葵色素-3-(6-阿魏酰)-槐糖苷-5-(6-丙二酰)-葡糖苷;胭脂 2 号萝卜花色苷碱水解后得到一种敲除酰基化基团的花色苷,鉴定为天竺葵色素-3-槐糖苷-5-葡糖苷。

8.4.2　红心萝卜的应用

1. 红心萝卜功能性食品的开发

红心萝卜是在我国广泛种植的一种农作物,目前多用于食用,其价值远未得到体现。萝卜不仅含有大量的花色苷和能诱导人体产生干扰素的多种微量元素,还具有硫代葡萄糖苷结构,已经被证实能抑制癌细胞的生长,对抗癌有重要意义(Kong 等,2003)。萝卜中的 B 族维生素和钾、镁等矿物质可促进肠胃蠕动,有助于体内废物的排出。吃萝卜可降血脂、软化血管、稳定血压,预防冠心病、动脉硬化、胆结石等疾病。萝卜还是一种中药,其性凉味甘,可消积滞、化痰清热、下气宽中、解毒。红心萝卜产量大,价格低廉,花色苷含量高且性质稳定,是提取制备天然色素的理想原料。

2. 红心萝卜花色苷的应用

萝卜红色素提取自红心萝卜,其原料价格低廉,所含花色苷结构稳定,是较理想的天然色素之一,在食品、化妆品、医药等领域有着巨大应用潜力。有关萝卜红色素的研究欧美及日本比较多,美国 1960 年允许将萝卜红色素或浓缩汁作为食品着色剂使用。20 世纪 80 年代,欧美及日本对萝卜红色素进行了日益广泛的研究。在食品中萝卜红色素作为食品添加剂应用于果冻、果酱、糖果及番茄沙司着色,在配制酒、碳酸饮料和果汁(味)型饮料等过程中起到了着色或补色的作用。萝卜红色素在化妆品和化工产品中都有应用,也可应用于纺织、服装行业等。

参考文献

蔡如玉. 茄皮中活性成分的提取、含片制备及降血糖作用初步研究. 邯郸:河北工程大学,2020.

　　陈杭,张峻,熊雅丽,等.茄子种质资源光敏类型筛选与花色苷成分鉴定.上海交通大学学报:农业科学版,2018,36(6):6.

　　陈永丽.茄子的营养价值和食疗功效.健康向导,2013,19(3):55.

　　程飞宇,马立娟,李弘轩,等.富黄酮洋葱啤酒发酵工艺的优化.食品研究与开发,2022,43(2):76-81.

　　褚银铃.三种紫色蔬菜花色苷提取、纯化及生物活性研究.哈尔滨:哈尔滨商业大学,2014.

　　付学军.洋葱功能成分及其应用研究.济南:山东大学,2006.

　　傅茂润,赵双,刘玉芹,等.紫洋葱中抗氧化花色苷的快速鉴别技术研究.食品工业,2013,34(2):21-25.

　　郭菲,刘继,黄彭,等.响应面分析法优化紫茄皮花色苷的提取工艺.食品工业科技,2014,32(6):268-273.

　　郭菲.紫茄皮花色苷的提取纯化、组分分析及其性质的研究.成都:四川农业大学,2016.

　　胡玲,张俊,雷激.紫甘蓝挂面制备的关键技术研究.食品科技,2019,44(11):185-191.

　　贾长虹,张一江,常丽新,等.紫甘蓝酸奶生产工艺的研制.中国酿造,2010,29(006):177-180.

　　江成英,郭宏文,江洁,等.洋葱糯米酒发酵工艺的研究.中国调味品,2008(8):65-69.

　　江成英,郭宏文,张文学,等.洋葱的营养成分及其保健功效研究进展.食品与机械,2014,30(5):305-309.

　　蒋海伟.深色农产品抗氧化协同作用的研究.南昌:南昌大学,2015.

　　蒋晓岚,付周平,石渝凤,等.紫茄子皮飞燕草色素苷的分析及其苷元的制备.现代食品科技,2019,35(2):141-148.

　　梁姗,蒋子川,刘欢.大孔树脂纯化胭脂萝卜花青素及抗氧化活性研究.中国食品添加剂,2017(12):105-112.

　　梁姗,蒋子川,杨霞,等.高效液相色谱法测定胭脂萝卜中天竺葵色素含量.广州化工,2017,45(7):92-93.

　　李甘.紫洋葱及黑豆种皮中花青素的定性定量分析和生物活性的研究.太原:山西大学,2019.

　　林于洋.酶-微波辅助协同提取心里美萝卜中有效成分研究.广州:广州药科

大学,2020.

刘伶文,刘倩,张幸涛,等．茄子皮红色素的提取及其羊毛染色应用．印染,2013,39(16):16-19.

刘玉芹,江婷,赵先恩,等．高效液相色谱-四极杆飞行时间质谱分析紫甘蓝和羽衣甘蓝中花色苷．分析化学,2011,39(3):6.

刘玉芹,赵先恩,杜金华,等．高效液相色谱-串联质谱法分离鉴定紫洋葱花色苷．食品与发酵工业,2010,36(6):151-156.

卢珊．响应面设计的紫甘蓝花色苷色素提取技术研究．中国调味品,2021(2):159-162.

罗清铃,黄业传,张可,等．紫甘蓝豆腐的工艺优化及其营养成分分析．食品工业科技,2020,41(12):162-168.

罗璇,周敏,李莉．基于人工神经网络的茄子皮紫色素的提取研究．中国调味品,2018,43(10):176-180.

慕金超,刘春芬．紫茄皮中花青素的提取研究．江苏农业科学,2014,42(4):227-229.

秦燕．不同热加工处理对花青素结构及抗氧化活性的影响．南昌:南昌大学,2016.

任萍,袁晓雨,赵晓萌,等．大孔树脂分离纯化紫甘蓝中的花色苷．食品工业,2016,37(4):1-6.

苏红．由红甘蓝(Brassica oleracea)中提取甘蓝红色素的初步研究．天津:天津轻工业学院,1993.

孙建霞,张燕,孙志健,等．花色苷的资源分布以及定性定量分析方法研究进展．食品科学,2009,30(5):263-268.

王雪梅,马海龙．羊毛纤维应用洋葱皮色素染色工艺的优化．染整技术,2014,1(7):21—23.

吴园芳．紫甘蓝花色苷分离、鉴定及性质研究．西安:陕西科技大学,2012.

谢雨婷,李明智,蒋海伟,等．超声波辅助提取紫茄皮花色苷工艺及其稳定性研究．食品工业,2015,36(11):43-48.

熊勇,李冬梅,张军兵,等．萝卜红色素的提取色素的提取工艺及其稳定性的研究．中国食品添加剂,2019(3):75-80.

许伟,高品一,杨頔,等．萝卜药食两用价值及其研究进展．宁夏农林科技,2014,55(2):90-94.

许悦,王丽虹,刘阳．洋葱生物活性及产品开发研究进展．食品研究与开发,

2018,39(23):188-192.

杨艳,李会珍,刘明社,等. 黑萝卜花青素的提取及稳定性研究. 食品工业科技,2014,35(24):225-229.

王利平. 紫甘蓝花色苷分析、吸附分离模型及性质研究. 杭州:浙江工商大学,2017.

于亚敏,廖欣怡,李霞,等. 洋葱葡萄酒的工艺优化. 中国酿造,2018,37(5):203-207.

张东峰. 超声波辅助提取紫甘蓝色素及抗氧化性研究. 粮食与油脂,2020,33(3):96-100.

仇晓文,孙向东,王丽,等. 心里美萝卜花青素的提取及其抗氧化性. 贵州农业科学,2013,41(1):61-64.

赵淑娟. 富含花色苷的萝卜主要成分分析及其花色苷抗氧化活性构效关系研究. 镇江:江苏大学,2012.

Arapitsas P,Sjoberg PJR,Turner C. Characterisation of anthocyanins in red cabbage using high resolution liquid chromatography coupled with photodiode army detection and electrospray ionization-linear ion trap mass spectrometry. Food Chemistry,2008,109(1):219-226.

Azuma K,Ohayama A,Ippoushi K,et al. Structures and antioxidant activity of anthocyanins in many accessions of eggplant and its related species. Journal of Agricultural and Food Chemistry. 2008,56:10154-10159.

Chen YJ,Wang ZK,Zhang HH,et al. Isolation of high purity anthocyanin monomers from red cabbage with recycling preparative liquid chromatography and their photostability. Molecules,2018,23(5):991.

Donner HK,Robbins TP,Morgenstern RA. Cenetic and developmental control of anthocyanin biosynthesis. Annu Rev Genet,1991(25):173-199.

Kim DH,Lee J,Rhee JH,et al. Loss of the R2R3 MYB transcription factor RsMYB1 shapes anthocyanin biosynthesis and accumulation in *Raphanus sativus*. International Journal of Molecular Sciences,2021,22(20):10927.

Kong JM,Chi LS,Go NK,et al. Analysis and biological activities of anthoeyanins. Phytochemistry,2003,64(5):923-933.

Mazza G. Anthocyanins in fruits,vegetables,and grains. CRC press. 2018.

Noda Y. Antioxidant activity of nasunin, an anthocyanin in eggplant peels. Toxicology,2000,148(2-3):119-123.

Otsuki T，Matsufuji H，Takeda M，et al. Acylated anthocyanins from red radish(*Raphanus sativus* L.). Phytochemistry,2002,60(1):79-87.

Paulina M,Alicjaz K,Annas L,et al. Characterization of phenolic compounds and antioxidant and anti-inflammatory properties of red cabbage and purple carrot extracts. Journal of Functional Foods,2016,21:133-146.

Simestad R，Fossen T，Vagen IM. Onions:A source of unique dietary flavonoids. Journal of Agricultural and Food Chemistry，2007，55（25）：10067-10080.

第9章　花卉中花色苷

花卉花色是植物吸引昆虫传播花粉的主要因素,对于植物在自然界的生存必不可少,也是观赏植物最重要的性状之一。花卉作为植物重要的组成部分,不仅外观漂亮,而且色泽鲜艳,除了对人类具观赏价值外,还具有食用、药用和经济价值。其花色苷具有抗氧化、预防慢性疾病、抑制炎症、改善视力、调节肠道菌群等作用。

9.1　牡丹

牡丹(*Paeonia suffruticosa* Andr.)属于芍药科(Paeoniaceae)芍药属(*Paeonia*),是多年生落叶灌木,为我国著名花卉、花朵硕大、花容端丽、品种繁多,雍容华贵,被称为"万花一品""冠绝群芳"的"花王"。又名百两金、木芍药、富贵花、洛阳花等。牡丹原产于我国秦岭等地,在我国有1 500余年的栽培历史,种植范围广,尤以菏泽、洛阳牡丹为最。中国现存牡丹8个种、2个变种、1个亚种、1个变型,洛阳已发现的就有2个种,即紫斑牡丹和杨山牡丹。经过人工栽培后,出现了黑色、黄色、绿色、紫色和复色等,还出现了许多过渡性的花色。而今,洛阳牡丹的花色甚丰,有红、白、粉、黄、紫、蓝、绿、黑及复色等9大色系,五彩缤纷,万紫千红。

牡丹花花色苷,其抗氧化能力是维生素E的10倍、维生素C的20倍,在当前已知的抗氧化活性物质中排名第一。它被人体吸收后帮助清除体内自由基,有助于延缓衰老,预防和降低心血管疾病和癌症发生的概率,保健作用强大(赵贵红,2006)。还含有蛋白质、多糖、氨基酸、矿物质等营养成分,因此被广泛用于药品、保健品、食品以及化妆品行业。

9.1.1　牡丹花色苷

1. 牡丹花色苷提取与纯化

牡丹花中花色苷的提取方法很多,大致有传统溶剂提取法、超声辅助提取法、酶解提取法等。吴龙奇等(2005)经过研究发现牡丹的红色色素的提取较适宜的是1%的盐酸-乙醇溶液。溶剂萃取法,常用甲醇、乙醇、甲醇盐酸等有机溶液作为提取剂,虽然溶剂萃取法的应用范围广泛,但其仍然存在弊端,溶剂萃取需要的时间长,成本也较高。王晓等(2004)采用 70％的乙醇,料液比为 1∶20(g/mL),在频率为 22 kHz 的超声波下处理 10 min,牡丹花中总黄酮提取率可达 91.5％,相对于普通的有机溶剂提取法具有提取效率高,温度低,提取时间短等优点。还有一种相似的方法是微波辅助萃取法,是通过不同频率的微波,将某个特定的色素分子加热溶解使它从本体中分离出来,融进相应的溶剂中,这个方法可以使一些较微小、不容易被提取的色素分子提取出来,具有效率高、时间短、适用性强、设备操作简单等优点。酶提取法是用酶处理牡丹花瓣,使花瓣的细胞壁发生不同程度的变化,更好地让色素分子从细胞中分离出来,发现纤维素酶的提取效果最好(李颖畅等,2008)。

2. 牡丹花花色苷的分离与鉴定

花色苷鉴定方法主要有层析法、光谱法、质谱法、核磁共振等。Wang 等(2001)在中原牡丹品种和日本牡丹品种花瓣中鉴定出了 6 种花色苷,分别为芍药色素-3-葡萄糖苷、芍药色素-3,5-二葡萄糖苷、矢车菊色素-3-葡萄糖苷、矢车菊色素-3,5-二葡萄糖苷、天竺葵色素-3-葡萄糖苷和天竺葵色素-3,5-葡萄糖苷。Fan 等(2012)通过液相色谱(HPLC)对 48 个中原牡丹品种进行研究,最终鉴定出 5 种花色苷,并且首次分离鉴定出芹菜素戊己糖苷和芹菜素葡萄糖醛苷。牡丹不同花色品种中各花色苷的含量不同,樊金玲等(2007)在对 6 个牡丹品种的花色苷组成分析后,发现紫红色的品种均不含天竺葵色素,且单糖苷的含量相对较高,粉色和红色的 4 个品种中,均存在天竺葵色素,且单糖苷含量较低,此外即使花瓣颜色同为红色,因品种不同其所含的花色苷主成分亦不同。韩江南(2010)采用高效液相色谱与二极管陈列检测器和电喷雾电离质谱联用技术(HPLC-DAD-ESI-MS)分析了 48 个品种的中原牡丹花瓣中的花色苷总含量、种类以及各花色苷单体的相对丰度。结果表明:中原牡丹花中共含有基于天竺葵色素、芍药色素和矢车菊色素的五种花色苷,分别为矢车菊色素-3,5-O-二葡萄糖苷、矢车菊色素-3-O-葡萄糖苷、芍药色素-3,5-O-二葡萄糖苷、芍药色素-3-O-葡萄糖苷和天竺葵色素 3,5-O-二葡萄糖苷,不含天竺葵色素 3-O-葡萄糖苷(Pg3G)。

9.1.2　牡丹花的应用

1. 牡丹花食用开发

牡丹花瓣富含营养物质,包括维生素、蛋白质、糖类、矿质元素、花色苷等,均为生物体所必需的物质,具有抵御不良环境、延缓衰老的作用。原国家卫生计生委关于批准裸藻等 8 种新食品原料的公告(2013 年第 4 号)中明确丹凤牡丹花可作为新食品原料,因此可以加工成各类食品直接食用。作为日常饮食,已开发成牡丹花茶、鲜花饼、牡丹花酒、牡丹精油、牡丹系列化妆品、牡丹保健茶系列产品。熊笑苇等(2018)以脱脂羊奶粉为原料,利用牡丹花、槐米为辅料制作酸羊奶,具有槐米和牡丹花特有的香气,口感细腻丝滑、质地紧密。谈宗华等(2015)将绿茶与牡丹花、玫瑰花混合后调配,再辅配食品添加剂制作而成了一种新型花茶饮料产品,这种花茶饮料不仅具有独特的花香,而且具有保健的作用。赵贵红(2006)在果酒的发酵制作工艺流程中添加了牡丹鲜花为辅料,并且适当地添加蔗糖、蜂蜜等调配风味,采用此工艺制作的牡丹果酒不仅具有水果香气,还具有独特的牡丹花香。

2. 牡丹花色苷用途

牡丹花色苷提取工艺简单、颜色鲜艳、性质稳定、价廉易得、具有抗氧化或清除自由基的作用,对人体健康有益。作为天然使用色素,在化妆品等产品中作为绿色添加剂具有很好的可利用价值。广泛使用于糕点、饮料中,尤其是对酸性食品有着良好的护色效果,也可用于药品、保健品、化妆品等加工行业,开发前景十分广阔。

9.2　芍药

芍药(*Paeonia lactiflora*)为芍药科(Paeoniaceae)芍药属(*Paeonia*)多年生草本宿根植物,广布于世界各地。芍药花色泽鲜艳,有紫红、红、粉红、白色等多种颜色,有一定的观赏、营养和药用价值(苑庆磊,2011)。芍药也是我国的传统中药材,药用价值较高,具有镇痉、镇痛、通经等功效,常用于药用栽培(Wu 等,2019 和 Shi 等,2021)。作为传统药用植物,含有丰富的生物活性物质,使其具有抑菌、抗炎、抗氧化等作用。因此除观赏价值外,还可以药用、食用、制茶以及提取香精,具有极高的利用价值。

9.2.1　芍药花色苷

1. 芍药花色苷提取与纯化

从植物中提取色素的生产工艺主要有以下几种:溶剂萃取法、超临界流体萃取法、吸附精制法等。王爱晶(2010)通过五因素正交试验优化了芍药花色苷的浸提条件,最优条件为质量分数为 80% 的盐酸乙醇溶液,料液比 1∶50(g/mL),功率为250 W,温度 70 ℃,提取时间 50 min。何玲等(2006)得到的提取芍药花色苷的最佳工艺条件是:用体积分数 75% 乙醇溶液作浸提剂,pH 2.2,水浴温度 75 ℃,时间 70 min,在此最佳工艺条件下色素粗品得率为 64.5 mg/g。吴一超(2018)以 HPLC 指纹图谱共有峰总峰面积为评价指标,优化了中江芍药超声辅助提取(UAE)、微波辅助提取(MAE)和亚临界水提取(SubWE)工艺。UAE 最优工艺条件:72％乙醇,超声功率 360 W,超声时间 49 min,料液比 1∶19(g/mL)。MAE 最优工艺条件:提取温度 62 ℃,料液比 1∶19(g/mL),65％乙醇,提取时间 11 min。UAE 最优工艺条件:亚临界水温度(184±5)℃,料液比为 1∶17(g/mL),提取时间 18 min。

2. 芍药花中花色苷的分离与鉴定

花色苷的鉴定方法有多种,常见的包括层析法、光谱分析法、水解分析法、光二极管阵列检测器鉴定、核磁共振法、液相色谱-质谱联用法等(孙建霞等,2009)。

芍药色素-3,5-二葡萄糖苷是芍药花色苷中的主要成分,其含量多少与芍药花红紫色的形成有关。白色和黄色品种不含花色苷或含有微量的芍药色素-3,5-二葡萄糖苷。粉紫色品种只含有芍药色素-3,5-二葡萄糖苷或同时含有少量的矢车菊色素-3,5-二葡萄糖苷。粉色品种只含有芍药色素-3,5-二葡萄糖苷和矢车菊色素-3,5-二葡萄糖苷,红紫色的品种一般含有 5～8 种花色苷(钟培星等,2012)。郝召君(2013)利用 HPLC-MS 技术,对两个品种 4 个不同发育时期的芍药花花色苷进行定性、定量分析,鉴定了 2 种花色苷:矢车菊色素-3,5-O-二葡萄糖苷、芍药色素-3,5-D-二葡萄糖苷。目前从不同芍药品种中共鉴定出 15 种花色苷:矢车菊色素-3,5-二葡萄糖苷、矢车菊色素-3,5-二己糖苷、矢车菊色素-3-没食子酸葡萄糖苷、矢车菊色素-3-葡萄糖苷、芍药色素-3,5-二葡萄糖苷、芍药色素-3-葡萄糖苷、芍药色素-3-没食子酸葡萄糖苷、芍药色素-3-没食子酸葡萄糖苷-5-葡萄糖苷、芍药色素-3-没食子酸葡萄糖苷-5-半乳糖苷、芍药色素-3-丙二酰葡萄糖苷-5-葡萄糖苷、芍药色素-3,5-乙酸酰二葡萄糖苷、芍药色素-3-葡萄糖苷-5-阿拉伯糖苷、天竺葵色素-3,5-二葡萄糖苷、天竺葵色素-3-葡萄糖苷、飞燕草色素-3-葡糖苷(Hosoki 等,1991 和 Jia 等,2008 和舒希凯等,2012)。

9.2.2　芍药的应用

1. 芍药花功能食品开发

芍药可以食用的部位包括根、芽和花朵。芍药花瓣中含有可溶性糖、蛋白质、维生素 C、总酚、总黄酮、铁、锌、酪氨酸、赖氨酸、苯丙氨酸、蛋氨酸等营养成分。由于芍药全身皆可入药,用芍药制作的食品除了味美可口之外,还有很多具有医疗保健作用。

芍药花可以制作成芍药花茶、芍药饼干、芍药花粥、芍药花酒等食品。杜妹玲

(2021)以芍药花、叶和根为原料研制了一种芍药花草茶,各物质含量为多糖($73.84\pm$
2.47)mg/g、水分含量(6.33 ± 1.34)%、水浸出物(51.37 ± 1.97)%、咖啡因($2.93\pm$
0.94)%、茶多酚(23.32 ± 2.77)%、氨基酸(3.04 ± 0.34)%,芍药花草茶多糖含量高、
内容物丰富、苦涩味低、具有清新的滋味和良好的茶汤颜色,证明芍药花草茶具有较
好的品质。对冲泡后的芍药花草茶的体外活性研究表明:茶汤有较好的总还原能力
(还原吸光值表现为0.983 ± 0.563),对α-葡萄糖苷酶(19.43 ± 2.01%)、乙酰胆碱酯
酶(13.87 ± 1.43)%和糖基化终产物(16.87 ± 1.87)%有一定的抑制能力。

2. 芍药花色苷用途

芍药花色苷无毒,作为一种天然的水溶性植物色素,广泛地应用于食品、保
健品、医药等领域。普遍应用于葡萄酒、食品饮料、果酱、糖果以及各类食品中,
让食品拥有了多种多样的美丽外衣,而且除了能赋予食品绚丽的色彩外,花色苷
还可以提供更为高阶的营养价值,例如,添加了花色苷的酸奶不仅具有独特的风
味,还具有了一定的保健功能,应用到了酸奶产品中,使发酵出来的酸奶具有花
香味以及果香味。花色苷混合保健型饮料和花色苷微胶囊很受中老年消费者的
欢迎。

9.3 玫瑰

玫瑰(*Rosa rugosa* Thunb.)为蔷薇科(Rosaceae)蔷薇属(*Rosa*)植物,又称为
徘徊花、刺玫花。玫瑰花可以按照颜色、树形、花瓣形状等指标进行分类,目前可考
证的野生玫瑰花种类有250余种,变种与混种的种类数量可达到万种以上,其中紫
玫瑰、红玫瑰、白玫瑰和杂交玫瑰等品种最为常见(林霜霜等,2016)。玫瑰在全球
范围内广泛种植,但多分布于北半球,以保加利亚、土耳其、摩洛哥、法国、俄罗斯等
国家为主,其中保加利亚是全球玫瑰油最大的生产国和出口国,拥有150多个玫瑰
品种,是全球占有玫瑰品种最多的国家。国际上用以制造香水和香精的玫瑰,有
70%是来自这里。玫瑰在我国也有2 000多年的栽培历史。山东平阴是我国栽培
玫瑰较早的地区之一。目前筛选出的用于食用的玫瑰品种主要有:重瓣玫瑰、紫枝
玫瑰、平阴一号、保加利亚大马士革玫瑰、法国千叶玫瑰、苦水玫瑰、墨红玫瑰、北京
白玫瑰、滇红玫瑰等品种。

玫瑰花中含有黄酮类、多酚类、萜类等主要化学成分,其中花色苷属于多酚类
类黄酮化合物,它是一种水溶性天然色素,安全、无毒、并且具有抗氧化、增强人体
免疫力、延缓衰老,抑制肥胖、增强视力、抗菌等生物功效,已成为国内食品科学、生
物学和药学研究的热点,其巨大的应用前景和市场价值也日益受到广泛的关注。

9.3.1 玫瑰花色苷

1. 玫瑰花色苷提取与纯化

常用的花色苷提取方法包括有机溶剂提取法、酶提取法、微波辅助提取法、超声波辅助提取法、高压脉冲电场法、低共熔溶剂提取法、双水相提取法等。提取后的天然花色苷粗提物纯度较低,含有矿物质、纤维素、糖类、蛋白质等杂质,易吸潮且理化性质不稳定,因此有必要对花色苷进行纯化。目前花色苷纯化常用大孔树脂吸附纯化法、凝胶层析纯化法、色谱纯化法、膜纯化法、高速逆流色谱纯化法、固相萃取纯化法、离子交换树脂层析纯化法等(黄金等,2021 和周萍等,2020)。

张唯等(2018)利用响应面法对常温下超高压提取玫瑰花色苷的条件进行优化,优化后最佳工艺参数为柠檬酸浓度 13.2%、压力 400 MPa、保压时间 6 min、料液比 1:25(g/mL),此条件下花色苷的提取量为 1 089.42 mg/100 g。选用 NKA-2 型大孔树脂对玫瑰花色苷进行纯化,最佳纯化条件为:大孔树脂与样液体积比 1:25(g/mL),样液 pH2.0,质量浓度 0.15 mg/mL,流速 1 mL/min,吸附率达到 92.76%;最佳解吸附条件为:洗脱剂浓度 75%,pH 2.0,解吸率达到 94.12%,纯化后的玫瑰花色苷经冷冻干燥后呈紫黑色粉末,色价提高了 7 倍,其纯化效果显著。龚祥等(2018)采用有机溶剂浸提法,在单因素试验基础上,运用 Box-Behnken 响应面分析优化"苦水玫瑰"花色苷最佳提取工艺条件,最优提取工艺条件:提取液 pH=1.05、乙醇浓度 81.5%、提取时间 45 min、料液比 1:25(g/mL),提取 2 次,得率 4.27 mg/g。石秀花(2017)采用单因素试验分析和正交试验设计,研究表明:野玫瑰花粉颗粒大小为 60 目,10 倍花瓣的 50%乙醇为溶剂,超声波辅助提取野玫瑰色素得率较高。超声波辅助提取野玫瑰花色苷的最佳条件是:处理 20 min,浸提温度 40 ℃,超声功率 300 W。

2. 玫瑰花中花色苷的分离与鉴定

石秀花等(2010)用聚酰胺湿法装柱(2.5 cm×95 cm)对玫瑰花色苷提取物进行柱层析分离,并采用 6 种不同比例的展开剂制备玫瑰花色苷单体。花色苷类物质具有独特的吸光特征,紫外吸收光谱特性对于糖苷配基的研究也具有重要的参考价值,在可见光区和紫外区的最大吸收波长分别为 500~540 nm 和 280 nm 附近,因此通过光谱特征可对花色苷进行简单定性(尹忠平等,2007)。

到目前为止 HPLC-ESI-TOF-MS/MS 是用于花色苷鉴定最常见的方法,因为时间短,扫描速度快,ESI 的正模式为鉴定化合物中应用最广泛的方法。石秀花等(2010)采用柱层析从野玫瑰色素中分离出 2 个组分,利用纸层析和紫外-可见光谱分析,初步鉴定出 2 种花色苷,分别为:芍药色素-3-葡萄糖苷和飞燕草花色素-3-葡萄糖鼠李糖苷。Mikanagi 等(2000)采用 HPLC 及薄层色谱层析法共鉴定出 11 种花色苷,分别为:矢车菊色素-3,5-二葡萄糖苷、矢车菊色素-3-槐苷、矢车菊色素-3-芸香苷、矢车菊色素-3-葡萄糖苷、矢车菊色素-3-O-香豆酰葡萄糖苷-5-葡萄糖苷、芍药色素 3,5-二葡萄糖苷、芍药色素 3-芦丁苷、芍药色素 3-葡萄糖苷、芍药色素 3-O-香豆酰葡萄糖苷-5-葡萄糖苷、天竺葵色素-3,5-二葡萄糖苷、天竺葵色素 3-葡萄糖苷。其中,矢车菊色素-3,5-二葡萄糖苷是主要的花色苷。张玲等(2015)用超高效液相色谱二极管阵列飞行时间质谱联用分析法(UPLC-DAD-Q-TOF-MS)对'紫枝'玫瑰(Rosarugosa'Zizhi')开花过程中花色苷的种类进行分析,结果表明'紫枝'玫瑰中至少含有芍药色素、飞燕草色素、矢车菊色素等 8 种花色苷。

9.3.2 玫瑰的应用

1. 食用玫瑰的开发

玫瑰花含丰富的营养物质,还富含黄酮类物质和多酚类物质等次级代谢产物,玫瑰中含有香茅醇、芳樟醇等香味物质,使玫瑰具有独特的风味,极具食用价值。作为日常饮食,玫瑰可以泡茶,酿酒,制作玫瑰果酱、酸奶、玫瑰花饼、月饼、玫瑰露酒、玫瑰花酒、玫瑰花酱等。张永清(2020)以奶粉为主要原料,添加玫瑰花茶,制得的玫瑰酸奶品质良好。陈宝宏等(2016)确定玫瑰花茶果冻制作最佳配方。陈烨(2020)研究制定玫瑰花饼干的最优化配方,玫瑰花粉的加入不仅仅赋予饼干一种新的风味和颜色,更重要的是它可以提高饼干酥脆性和品质。张唯(2019)对玫瑰花饮料工艺优化,研制的玫瑰花饮料色泽纯正且口感柔和。山东省平阴县对玫瑰花进行加工,初步形成了食品、药品、精细化工、保健茶及露酒、香料等 20 多个系列 60 多个品种的玫瑰产品,包括玫瑰精油、玫瑰酒、玫瑰八珍茶、玫瑰梨丸子、玫瑰月饼、玫瑰蜂蜜、玫瑰舒心口服液、玫瑰酱、玫瑰膏、玫瑰干花蕾、玫瑰香包、玫瑰扇坠等,创造出很高的经济价值(魏勇等,2005)。

2. 玫瑰花色苷用途

玫瑰红色素是一种提取工艺简单、颜色鲜艳、性质稳定、价廉易得、来源充足的天然色素,具有抗氧化或清除自由基的作用,对人体健康有益(Mazza,1987)。广泛用于糕点、饮料中,尤其是对酸性食品有着良好的护色效果,也可用于药品、保健品、化妆品等加工行业,开发前景十分广阔。玫瑰花提取物在化妆品里起到滋润养颜、护肤美容的作用。吴志奔等(2017)选取玫瑰花瓣为原料,用溶剂法提取玫瑰花瓣中的天然染料色素,并将其用于羊毛织物染色。对染色后织物的色牢度测试表明,玫瑰花色苷对羊毛织物具有较好的上染能力,其皂洗、摩擦、汗渍等色牢度较好,适合于蛋白质纤维染色。

9.4 月季

月季(*Rosa chinensis* Jacq.)属蔷薇科(Rosaceae)蔷薇属(*Rosa*),别名为四季花、月月红、长春花等,素有"花中皇后"的美誉(郭文扬等,1989)。月季因其适应性强、耐粗放、花量大、花色多而艳丽,在我国大部区域广泛栽植。在我国主要分布于湖北、四川和甘肃等省的山区,尤以上海、南京、常州、天津、郑州和北京等市种植最多。

月季不仅具有很强的观赏性,还富含各种药用和营养成分,其花、茎、叶,甚至根都富含蛋白质、糖类、脂肪以及人体所必需的核黄素、硫胺素、铁、钙等物质,是理想的保健食品(王芳等,2006)。月季花含有丰富的黄酮类、黄酮苷类、酚酸类化合物、芳香油、鞣质和色素等成分,经提纯后具有抗氧化、抗菌、抗病毒、调节人体免疫等效用。

9.4.1 月季花色苷

1. 月季花色苷提取与纯化

花色苷提取方法包括有机溶剂提取法、酶提取法、微波辅助提取法、超声波辅助提取法、高压脉冲电场法等。信璨等(2012)用 PEG 400/Na_2SO_4 双水相体系分离纯化月季花色苷,确定了月季花色苷的双水相体系组成为 25% PEG 400 与 18% Na_2SO_4,其最佳萃取条件为:pH 2.0,粗提液体积 1 mL,温度 30 ℃,在此条件下,月季花色苷的萃取率为 98.45%。张思博等(2018)优化了超声提取月季花红色素的工艺,得到的最优工艺条件为:超声功率 463.6 W,水浴温度 80.4℃,乙醇浓度 96.1%,料液比 1:50(g/mL),超声波占空比 1/2,在此条件下,月季花色苷提取率为 12.94%。常丽新等(2009)优化了超声波辅助法提取月季花色苷的工艺,优化后的最优工艺为温度 50 ℃,料液比 1:10(g/mL),以 0.1%盐酸-40%的乙醇溶液作为溶剂,超声波时间 60 min,超声波功率为 300 W,超声波频率为 45 kHz,提取率达到 55.63%。

2. 月季花中花色苷的分离与鉴定

月季花瓣中的花色苷主要有 3 种,分别是天竺葵色素、矢车菊色素和芍药色素,主要在 3、5 位或 3 位发生葡萄糖基化为稳定的花色苷。粉红色和红色花瓣主要含有花色苷,橙色通常同时含有以上两类色素(万会花等,2019),蓝紫色"微蓝"花色苷主要是芍药色素-3-芸香糖苷,同时还可能含有查尔酮和二氢黄酮(李元鹏等,2022)。Mikanagitl 等(2000)研究了 8 个品种月季花的花色苷的成分,从中分离鉴定了 10 种花色苷,发现矢车菊色素-3,5-二葡萄糖苷是月季花花色苷中最主要的一种,而矢车菊色素-3-O-葡萄糖苷是月季花所独有的。Schmitzer 等(2009)通过液质联用技术(HPLC-MS/MS)检测发现,月季品种中以天竺葵色素和矢车菊色素的 3,5-双葡萄糖苷为主外,还与两者的 3-O-葡萄糖苷密切相关,甚至有些品种含有芍药色素 3-O-葡萄糖苷(Pn3G)。目前从月季花瓣中共检出 13 种花色苷:天竺葵色素 3,5-双-O-葡萄糖苷、矢车菊色素 3,5-双-O-葡萄糖苷、矢车菊色素 3-O-葡萄糖苷、天竺葵色素 3-O-葡萄糖苷、芍药色素 3-O-葡萄糖苷、矢车菊色素 3-O-芸香糖苷、芍药色素 3-O-芸香糖苷、矢车菊色素 3-p-香豆酰基葡萄糖苷-5-葡萄糖苷、芍药色素 3-p-香豆酰基葡萄糖苷-5-葡萄糖苷、芍药色素 3-O-槐糖苷、矢车菊色素 3-桑布双糖苷、天竺葵色素 3-O-芸香糖苷、芍药色素 3-(6-P-香豆酰基葡萄糖苷)(Cai 等,2005)。

9.4.2　月季的应用

1. 食用月季食品开发

月季花的花朵含有较高的营养成分,且香气怡人、颜色鲜艳,非常适合加工成高档的鲜花食品。未开放的花蕾经干制制作成月季花茶,经常饮用不仅气味芬芳,还有美容养颜的功效。月季花进行深加工,制作各种糕点、奶制品、鲜花酒、鲜花酱、鲜花饮料、调味品等。根据月季花含有的生物活性物质,选用高花色苷含量的月季花品种,生产的各类食品不但颜色漂亮增强食欲,还具有抗氧化、抗衰老等功能。

2. 月季花色苷用途

月季花还是一种天然的色素材料,具有抗氧化、抗病毒、抗菌等独特的生理调节功效。可以用作食品添加剂、食品着色剂,月季花色苷具有较好的耐热耐酸碱耐氧化能力,添加后与食物中的柠檬酸、蔗糖、过氧化氢等物质不起反应,是稳定的色素资源。月季花红色素适宜于做酸性饮料及食品的着色剂,根据其药用价值,还可应用于医药、保健品和化妆品行业。

参考文献

常丽新,贾长虹,赵永光,等.超声波辅助法提取月季花红色素的最佳工艺研究．食品工业科技，2009，30(4)：279-281.

陈宝宏，郑铁松．玫瑰花茶果冻配方的研究．农产品加工，2016(11)：5-6，12.

陈烨．玫瑰花饼干加工工艺及品质分析．重庆：西南科技大学，2020.

杜妹玲．芍药不同部位多糖提取、体外活性研究及其花草茶研制．哈尔滨：东北农业大学，2021.

樊金玲，朱文学，沈军卫，等．高效液相色谱-电喷雾质谱法分析牡丹花中花色苷类化合物．食品科学，2007，28(8)：367-371.

龚祥，王波，陆秀云，等．'苦水玫瑰'花色苷的提纯及其抑菌活性．甘肃农业大学学报，2018，53(4)：168-176.

郭文扬，刘颖．中国药用花卉．北京：北京学术书刊出版社，1989：247-248.

韩江南．牡丹花色与花色苷的研究．洛阳：河南科技大学，2010.

郝召君．芍药花色苷积累差异的生理机制研究．扬州：扬州大学，2013.

何玲，王荣花，罗佳，等．芍药花红色素提取工艺的研究．西北农林科技大学学报（自然科学版），2006，34(12)：204-208.

黄金，刘志国，穆立蔷，等．花色苷提取及其纯化工艺研究进展．化学试剂，2021，42(12)：1683-1690.

李颖畅，孟宪军．酶法提取蓝莓果中花色苷的研究．食品工业科技，2008，29(4)：215-217.

李元鹏，张英杰，朱志奇，等．遮荫对不同色系月季发育过程中花色变化的影响．西北植物学报，2022，42(4)：664-673.

林霜霜，邱珊莲，郑开斌，等．玫瑰种质资源多样性与育种研究进展．中国园艺文摘，2016，32(1)：25-27.

石秀花，徐金玉，陶金华，等．野玫瑰色素的分离及结构鉴定．农产品加工．学刊，2010(12)：71-73.

石秀花．超声波提取野玫瑰色素及体外抗氧化性分析．食品研究与开发，2017，38(9)：90-94.

舒希凯，赵恒强，王岱杰，等．芍药花活性成分分析及体外清除自由基活性研究．扬州大学学报（农业与生命科学版），2012，27(4)：745-749.

孙建霞，张燕，孙志健，等．花色苷的资源分布以及定性定量分析方法研究进展．食品科学，2009(5).

谈宗华，昝琼，朱贤伟．牡丹花茶饮料工艺的研究．农产品加工，2015(1)：28-32.

万会花，于超，罗乐，等．月季花瓣中类黄酮和类胡萝卜素的提取与测定．分子植物育种,2019,17(20):6800-6811.

王爱晶.芍药花红色素稳定性研究及应用.哈尔滨:东北林业大学,2010.

王芳,杨永莉.可食用花卉——月季营养成分分析.山西农业大学学报(自然科学版),2006(2):183-185.

王晓,江婷,程传格,等.超声波强化提取牡丹花黄酮.山东科学,2004,17(3):13-16.

魏勇,刘传珍,刘荣,等.玫瑰花的经济效益、优良品种及栽培技术.花草苗木,2005(12):34-35.

吴龙奇,朱文学,易军鹏,等.牡丹花红色素类型判定及提取工艺试验.农业机械学报,2005,36(10):77-80.

吴一超.中江芍药化学成分提取分离及抗氧化活性物质基础的研究.成都:四川农业大学,2018.

吴志奔,罗秋兰,罗玉成.玫瑰花色素对羊毛织物染色性能的研究.纺织科技进展,2017,12:26-29.

信璨,常丽新,贾长虹.双水相萃取法分离纯化月季花色素.河北理工大学学报(自然科学版),2012,34(2):56-60.

熊笑苇,杨同香,吴孔阳,等.响应面法优化槐米牡丹花酸羊奶发酵工艺及其抗氧化性研究.黑龙江畜牧兽医,2018(13):23-26.

尹忠平,洪艳平,徐明生,等.大孔树脂吸附纯化粗提玫瑰茄红色素研究.江西农业大学学报,2007,29(6):1026-1030.

苑庆磊.中国芍药花文化研究.北京:北京林业大学,2011.

张玲,徐宗大,汤腾飞,等.'紫枝'玫瑰(*Rosarugosa* 'Zizhi')开花过程花青素相关化合物及代谢途径分析.中国农业科学,2015,48(13):2600-2611.

张思博,赵阳,李杰,等.月季花红色素提取条件的优化.山东化工,2018,47(23):66-69.

张唯,严成,张曦,等.超高压提取玫瑰花色苷及稳定性研究.中国调味品,2018,43(8):151-157.

张唯.玫瑰花色苷的分离纯化及抗氧化活性研究.绵阳:西南科技大学,2019.

张永清.玫瑰酸奶的研制.粮食与油脂,2020,33(1):49-51.

赵贵红.营养型牡丹发酵酒-花香的提取技术研究.食品工业,2006(4):20-21.

赵贵红.营养型牡丹梨酒的研制.酿酒,2006,33(4):79-81.

钟培星,王亮生,李珊珊,等. 芍药开花过程中花色和色素的变化. 园艺学报,2012,39(11):2271-2282.

周萍,吴仲君,黄才欢,等. 花色苷提取及纯化研究进展. 精细化工,2020,37(8):1513-1523.

Cai YZ, Xing J, Sun M, et al. Phenolic antioxidants(hydrolyzable tannins, flavonols, and anthocyanins)identified by LC-ESI-MS and MALDI-QIT-TOF MS from Rosa chinensis flowers. Journal of Agricultural and Food Chemistry,2005,53(26):9940-9948.

Fan JL, Zhu WX, Kang HB, et al. Flavonoid constituents and antioxidant capacity in flowers of different Zhongyuan tree penoy cultivars. Journal of Functional Foods,2012,4(1):147-157.

Hosoki T, Hamada M, Kando T, et al. Comparative study of anthocyanins in tree peony flowers. Journal of the Japanese Society for Horticultural Science,1991,60(2):395-403.

Jia N, Shu QY, Wang DH, et al. Identification and characterization of anthocyanins by high-performance liquid chromatography electrospray ionization mass spectrometry in herbaceous peony species. Journal of the American Society for Horticultural Science,2008,133(3):418-426.

Mazza G, Brouillard R. Recent developments in the stabilization of anthocyanins in food products. Food Chemistry,1987,25(3):207-225.

Mikanagi Y, Saito N, Yokoi M, et al. Anthocyanins in flowers of genus Rosa, sections Cinnamomeae(＝Rosa), Chinenses, Gallicanae and some modern garden roses. Biochemical Systematics and Ecology, 2000,28(9):887-902.

Schmitzer V, Robert V, Gregor O, et al. Changes in the phenolic concentration during flower development of rose 'KOR crisett'. Journal of the American Society for Horticultural Science,2009,134(5):491-496.

Shi GQ, Shen JX, Wei T, et al. UPLC-ESI-MS/MS analysis and evaluation of antioxidant activity of total flavonoid extract from *paeonia lactiflora* seed peel and optimization by response surface methodology(RSM). BioMed Research International, 2021(19):1-11.

Wang LS, Shiraishi A, Hashimoto F, et al. Analysis of petal anthocyanins to investigate flower coloration of Zhongyuan(Chinese)and Daikon Island(Japanese) tree peony cultivars. Journal of Plant Research,2001,114:33-43.

Wu YC，Jiang YY，Zhang L，et al. Green and efficient extraction of total glucosides from Paeonia lactiflora Pall. ' Zhongjiang ' by subcritical water extraction combined with macroporous resin enrichment. Industrial Crops and Products，2019，141：111699.